建筑施工特种作业人员安全培训系列教材

建筑起重信号司索工

崔丽娜 主编

中国建材工业出版社

图书在版编目（CIP）数据

建筑起重信号司索工/崔丽娜主编．—北京：中国建材工业出版社，2019.1（2020.5重印）
建筑施工特种作业人员安全培训系列教材
ISBN 978-7-5160-2358-7

Ⅰ.①建…　Ⅱ.①崔…　Ⅲ.①建筑机械—起重机械—信号—安全培训—教材　Ⅳ.①TH210.8

中国版本图书馆CIP数据核字（2018）第180946号

内容简介

本书以国家建筑工程安全生产法律法规和特种作业安全技术规范及标准为依据，详尽阐述了建筑起重信号司索工应掌握的专业基础知识和专业技术理论知识，有助于读者掌握建筑起重信号司索工操作技能，助力建筑施工安全。

建筑起重信号司索工
崔丽娜　主编

出版发行：中国建材工业出版社
地　　址：北京市海淀区三里河路1号
邮　　编：100044
经　　销：全国各地新华书店
印　　刷：北京雁林吉兆印刷有限公司
开　　本：850mm×1168mm　1/32
印　　张：4.25
字　　数：110千字
版　　次：2019年1月第1版
印　　次：2020年5月第2次
定　　价：**23.00元**

本社网址：www.jccbs.com，微信公众号：zgjcgycbs

《建筑起重信号司索工》编委会

主　　编：崔丽娜

编写人员：那　然　翟东泽　李　鹏　那建兴
　　　　　赵丽娅　程海涛　张　静

前　言

为提高建筑施工特种作业人员安全知识水平和实际操作技能，增强特种作业人员安全意识和自我保护能力，确保取得《建筑施工特种作业操作资格证书》的人员，具备独立从事相应特种作业工作能力，按照《建筑施工特种作业人员管理规定》和《关于建筑施工特种作业人员考核工作的实施意见》要求，依据国家建筑施工安全生产法律法规和特种作业安全技术规范及标准，组织编写了《建筑起重信号司索工》。

本书系统介绍了建筑施工特种作业人员应掌握的专业基础知识和相关操作技能，内容丰富、通俗易懂、图文并茂、条理分明、专业系统，具有很强的实用性和操作性，可以作为建筑施工特种作业人员的培训用书和日常工具书。

由于编写时间仓促，编者水平有限，书中难免有疏漏和不当之处，敬请批评指正。

编　者

2018 年 8 月

目　录

第一章　起重吊装基础知识

在建筑工程施工中，随着建筑起重机械的广泛应用，大大地减轻了体力劳动强度，提高了劳动生产率，同时它在搬运物料时，是以间歇式、重复的工作方式，通过其他吊具的起升、下降、回转来升降与运移物料，工作范围较大，危险因素较多，因而对其安全要求较多。

第一节　吊具、索具的通用安全规定

按行业习惯，我们把用于起重吊运作业的刚性取物装置称为吊具，把系结物品的挠性工具称为索具或吊索。

吊具可直接吊取物品，如吊钩、抓斗、夹钳、吸盘、专用吊具等。吊具在一般使用条件下，垂直悬挂时允许承受物品的最大质量称为额定起重量。

索具是吊运物品时，系结钩挂在物品上具有挠性的组合取物装置。它是由高强度挠性件（钢丝绳、起重环链、人造纤维带）配以端部环、钩、卸扣等组合而成。索具吊索可分为单肢、双肢、三肢、四肢使用。索具的极限工作载荷是以单肢吊索在一般使用条件下，垂直悬挂时允许承受物品的最大质量。除垂直悬挂使用外，索具吊点与物品间均存在着夹角，使索具受力产生变化，在特定吊挂方式下允许承受的最大质量，称为索具的最大安全工作载荷。

吊具、索具是直接承受起重载荷的构件，其产品的质量直接关系到安全生产，因此应遵守以下安全规定。

一、吊具、索具的购置

外购的吊具、索具必须是专业厂按国家标准规定生产、检验、具有合格证和维护、保养说明书的产品。在产品明显处必须有不易磨损的额定起重量、生产编号、制造日期、生产厂名等标志。使用单位应根据说明书和使用环境特点编制安全使用规程和维护保养制度。

二、材料

制造吊具、索具用的材料及外购零部件，必须具有材质单、生产制造厂合格证等技术证明文件。否则应进行检验，查明性能后方可使用。

三、吊具、索具的载荷验证

自制、改造、修复和新购置的吊具、索具，应在空载运行、试验合格的基础上，按规定的试验载荷、试验方法试验合格后方可投入使用。

1. 静载试验

静载试验载荷：

吊具取额定起重量的 1.25 倍（起重电磁铁为最大吸力）。

吊索取单肢、分肢极限工作载荷的 2 倍。

试验方法：试验载荷应逐渐加上去，起升至离地面 100～200mm 高处，悬空时间不得少于 10min。卸载后进行目测检查。试验如此重复三次后，若结构未出现裂纹、永久变形，连接处未出现异常松动或损坏，即认为静载试验合格。

2. 动载试验

动载试验载荷：吊具取额定起重量的 1.1 倍（起重电磁铁取

额定起重量）。

吊索取单肢、分肢极限工作载荷的1.25倍。

试验方法：试验时，必须把加速度、减速度和速度限制在该吊索具正常工作范围内，按实际工作循环连续工作1h，若各项指标、各限位开关及安全保护装置动作准确，结构部件无损坏，各项参数达到技术性能指标要求，即认为动载试验合格。

第二节 起重机械的使用

一、起重机械的分类、使用特点及基本参数

在建筑工程施工中，起重吊装技术是一项极为重要的技术。一个大型设备的吊装，往往是制约整个工程的进度、经济和安全的关键因素。

（一）起重机械的分类

起重机械主要按用途和构造特征进行分类。按主要用途分，有通用起重机械、建筑起重机械、冶金起重机械、港口起重机械、铁路起重机械和造船起重机械等。按构造特征分，有桥式起重机械和臂架式起重机械；旋转式起重机械和非旋转式起重机械；固定式起重机械和运行式起重机械。

起重机械分类如图1-1所示。

建筑施工中常用的起重机械有：塔式起重机、移动式起重机（包括汽车起重机、轮胎起重机、履带起重机）、施工升降机、物料提升机、装修吊篮等。

（二）起重机械使用特点

常用的起重机有自行式起重机、塔式起重机，它们的特点和适用范围各不相同。

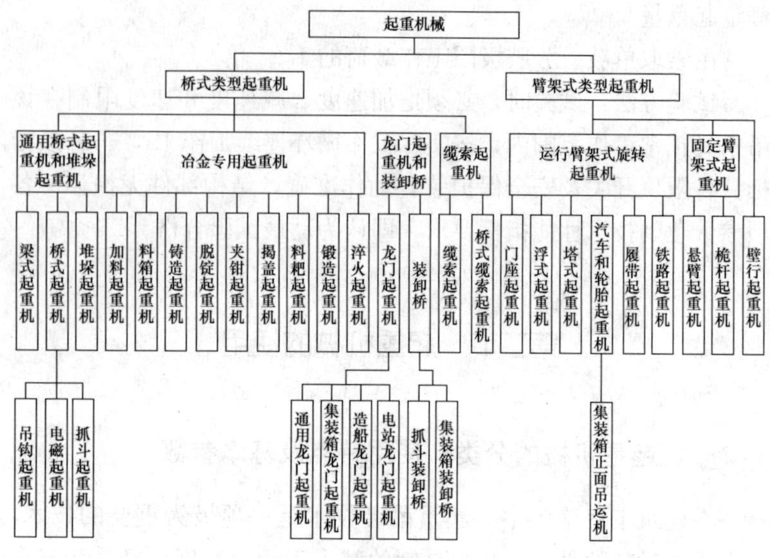

图 1-1　起重机械基本分类

1. 自行式起重机

(1) 特点：起重量大，机动性好，可以方便地转移场地，适用范围广，但对道路、场地要求较高，台班费高和幅度利用率低。

(2) 适用范围：适用于单件大、中型设备、构件的吊装。

2. 塔式起重机

(1) 特点：吊装速度快，幅度利用率高，台班费低。但起重量一般不大，并需要安装和拆卸。

(2) 适用范围：适用于在某一范围内数量多，而每一单件质量较小的吊装。

(三) 起重机的基本参数

主要有额定起重量、最大幅度、最大起升高度和工作速度等，这些参数是制定吊装技术方案的重要依据。

二、自行式起重机的选用

自行式起重机是工程建设中最常用的起重机之一，掌握其性能和要求，正确地使用和维护，对安全的吊装具有重要意义。

（一）自行式起重机的使用特点

1. 汽车式起重机

吊装时，靠支腿将起重机支撑在地面上。该起重机具有较大的机动性，其行走速度更快，可达到 60km/h，不破坏公路路面。但不可在 360°范围内进行吊装作业，其吊装区域受到限制，对基础要求也更高。

2. 履带式起重机

一般大吨位起重机较多采用履带式，其对基础的要求也相对较低，并可在一定程度上带载行走。但其行走速度较慢，履带会破坏公路路面。转移场地需要用平板拖车运输；较大的履带式起重机，转移场地时需拆卸、运输、安装。

3. 轮胎式起重机

起重机装于专用底盘上，其行走机构为轮胎，吊装作业的支撑为支腿，其特点介于前两者之间，近年来已用得较少。

（二）自行式起重机的特性曲线

1. 特性曲线表

反映自行式起重机的起重能力随臂长、幅度的变化而变化的规律曲线称为起重机的特性曲线。目前一些大型起重机，为了使用方便，其特性曲线往往被量化成表格形式，称为特性曲线表。

2. 起重机特性曲线

自行式起重机的特性曲线规定了起重机在各种工作状态下允许吊装的载荷，反映了起重机在各种工作状态下能够达到的最大起升高度，是正确选择和正确使用起重机的依据。

每台起重机都有其自身的特性曲线，不能换用，即使起重机型号相同也不允许。

（三）自行式起重机的选用

自行式起重机的选用必须依照其特性曲线进行，选择步骤是：

1. 根据被吊装设备或构件的就位位置、现场具体情况等确定起重机的站车位置，站车位置一旦确定，其幅度也就确定了。

2. 根据被吊装设备或构件的就位高度、设备尺寸、吊索高度等和站车位置（幅度），由起重机的特性曲线确定其臂长。

3. 根据上述已确定的幅度、臂长，由起重机的特性曲线，确定起重机能够吊装的载荷。

4. 如果起重机能够吊装的载荷大于被吊装设备或构件的质量，则起重机选择合格，否则重选。

（四）自行式起重机的基础处理

吊装前必须对基础进行试验和验收，按规定对基础进行沉降预压试验。在复杂地基上吊装重型设备，应请专业人员对基础进行专门设计，验收时同样要进行沉降预压试验。

第三节　起重吊装方案

一、确定起重吊装方案的依据

起重吊装方案是依据一定的基本参数来确定的。具体实施方法和技术措施，主要依据如下：

1. 被吊运重物的质量。一般情况下可依据重物说明书、标牌、货物单来确定或根据材质和物体几何形状用计算的方法确定。

2. 被吊运物的重心位置及绑扎。确定物体的重心要考虑到重物的形状和内部结构是各种各样的，不但要了解外部形状尺寸，也要了解其内部结构。了解重物的形状、体积、结构的目的是要确定其重心位置，正确地选择吊点及绑扎方法，保证重物不受损坏和吊运安全。例如，机床设备机床头部重尾部轻，重心偏向床头一端。又如：大型电气设备箱，其质量轻、体积大，是薄板箱体结构，吊运时经不起挤压等。

3. 起重吊装作业现场的环境。现场环境对确定起重吊装作业方案和吊装作业安全有直接影响。现场环境是指作业地点进出道路是否畅通，地面土质坚硬程度，吊装设备高低宽窄尺寸，地面和空间是否有障碍物，吊运司索指挥人员是否有安全的工作位置，现场环境是否达到规定的亮度等。

二、起重吊装方案的组成

起重吊装方案由三个方面组成：

1. 起重吊装物体的质量是根据什么条件确定的；物体重心位置在简图上标示，并说明采用什么方法确定的；说明所吊物体的几何形状。

2. 作业现场的布置。重物吊运路线及吊运指定位置和重物降落点，标出司索指挥人员的安全位置。

3. 吊点、绑扎方法及起重设备的配备。说明吊点依据什么选择的，为什么要采用此种绑扎方法，起重设备的额定起重量与吊运物质量有多少余量，并说明起升高度和运行的范围。

三、确定起重吊装方案

根据作业现场的环境，重物吊运路线及吊运指定位置和起重物质量、重心、重物状况、重物降落点、起重物吊点是否平衡，配备起重设备是否满足需要，进行分析计算，正确制定起重吊装方案，达到安全起吊和就位的目的。

第四节　起重吊装的安全技术

一、起重吊装时绳索的受力计算

物体在起重吊装时，绳索在载荷作用下不仅承受拉伸，还同时承受弯曲、剪切和挤压等综合作用，受力是比较复杂的。当多根绳索起吊一个物体时，绳索分支间的夹角大小对其受力影响颇大，下面就绳索和分支角度对其受力影响作简要分析。

1. 使用单根绳索吊装时的受力

在起重吊运过程中，起重绳索通常是绕过滑轮或卷筒来起吊重物的，此时绳索必然同时承受拉伸、弯曲和挤压作用。实验证明：当滑轮直径 D 小于绳索直径 d 的 6 倍时，绳索的承载能力就会降低，且随着比值 D/d 的减小而使其承载能力急剧减小，其降低程度如图 1-2 所示。

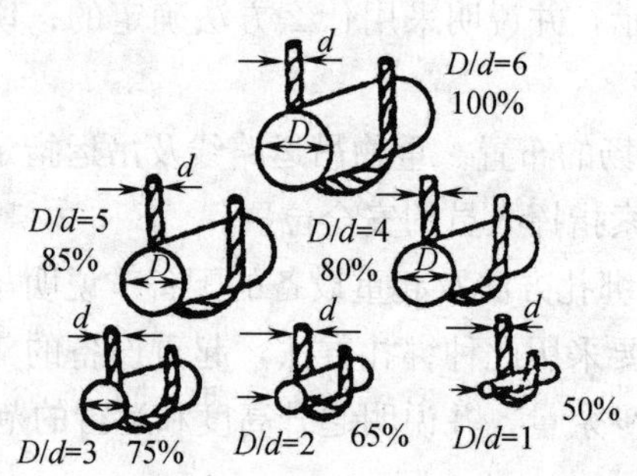

图 1-2　绳索弯曲程度对其承载能力影响示意图

绳扣的承载能力随弯曲程度的变化状况可用折减承载系数 K 来确定（图 1-3）。

2. 多根绳索起吊时的受力计算

多根绳索起吊同一物体时，每根分支绳的拉力大小（在受力均布的情况下）与分支绳和水平面构成的夹角大小有直接关系（图1-4）。

经常用下式计算每根分支绳的拉力（S）：

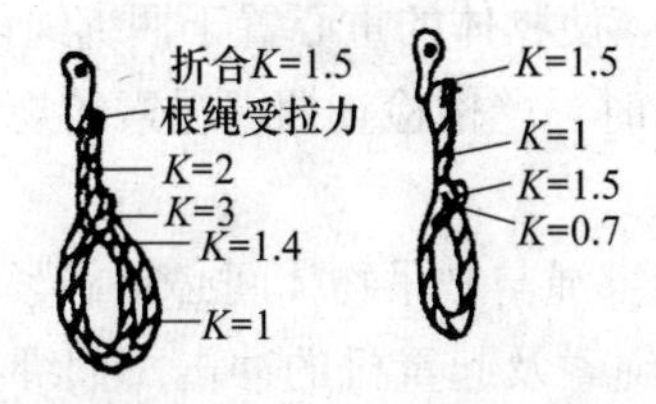

图1-3　绳扣弯曲程度对其承载能力影响示意图

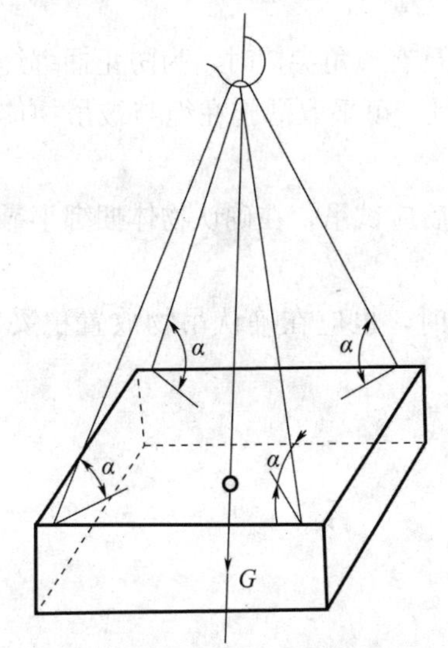

图1-4　多根绳起吊同一物体示意图

α—每根绳索与水平面的夹角

$$S=\frac{G}{n\sin\alpha}=\frac{G}{n}K$$

式中　G——被起吊物体的质量，N或kN；

n——起吊绳索的分支数。

二、起重吊装中的安全技术要求

1. 进行起重吊装前，必须正确计算或估算物体的质量大小及其重心的确切位置，使物体的重心置于捆绑绳吊点范围之内。

2. 在选用绳索时，严格检查捆绑绳索的规格，并保证有足够的长度。

3. 捆绑时，捆绑绳与被吊物体间必须靠紧，不得有间隙，以防止起吊时重物对绳索及起重机的冲击。捆绑必须牢靠，在捆绑绳与金属体间应垫木块等防滑材料，以防吊运过程中吊物移动和滑脱。

4. 当被吊物具有边角尖棱时，为防止捆绑绳被割断，必须保证绳不与边棱接触，可采取措施在绳与被吊物体间垫厚木块，以确保吊运安全。

5. 捆绑完毕后应试吊，在确认物体捆绑牢靠、平衡稳定后可进行吊运。

6. 卸载重物时，也应在确认吊物放置稳妥后才可落钩卸掉重物。

第二章 塔式起重机

塔式起重机（简称塔吊或塔机）是一种塔身直立、塔臂与塔身铰接、能做360°回转的起重机械（图2-1）。因其起升高度高、操作灵活、回转半径大、效率高等特点，广泛应用于建筑工程、桥梁工程，起到了必不可少的作用。同时，由于塔吊体积大、重心高、作业环境多变，使用、维修、保养、安装等环节上稍有不慎或误操作，就容易引发整机倾倒、机毁人亡、群死群伤的恶性事故，因此，塔式起重机的操作是一项危险性较高、专业技术要

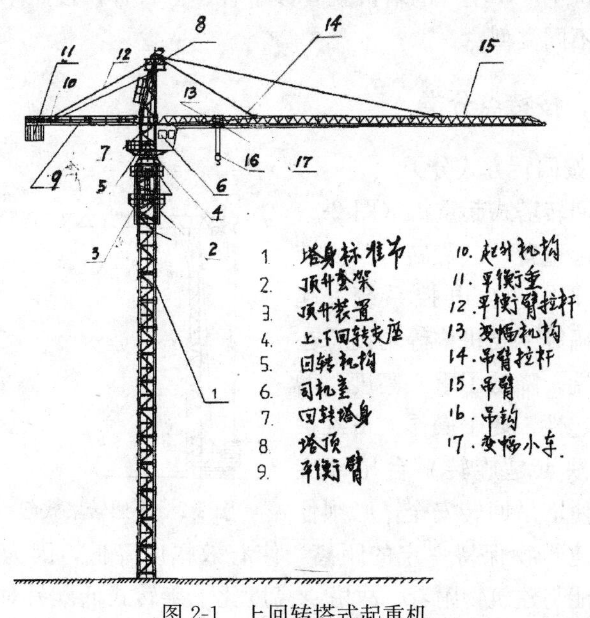

图2-1　上回转塔式起重机

求很强的工作。塔式起重机司机必须具备机械基础知识、简单的机械制图知识、电气知识、力学知识、液压传动的基本知识，掌握起重机的构造及工作原理，物体质量目测，吊具、索具的种类、选择、使用方法、报废标准及吊重的捆扎方法，指挥信号，有关登高作业、电气安全、消防及有关的一般救护知识，有关法规、法令、标准、规定等，并会对塔机的一般电气故障的判断，对机械传动故障的判断和排除，掌握一般的日常维修技术。塔式起重机司机应取得有效的操作证，方可进行作业。

第一节　塔式起重机的分类

当前，建筑市场使用的塔式起重机，品种、规格很多，甚至一个塔机生产厂生产的塔机就有数十种、上百种，按照不同特点可分为不同类型。

一、按特点分类

1. 按回转方式分类

下回转塔式起重机（图 2-2）塔身和起重臂一起旋转，其回转支承、平衡重、电控系统、起升、变幅等主要机构等均设置在塔身下端，降低了重心高度，增加了稳定性，便于操作人员维护保养。缺点是旋转平台尾部突出，为使塔吊回转安全，必须使尾部与建筑物保持一定的距离，使有效幅度降低，因为塔身回转，不能与建筑物附着，故塔身高度比上旋转式低。另对回转支承要求较高，安装高度受到限制。

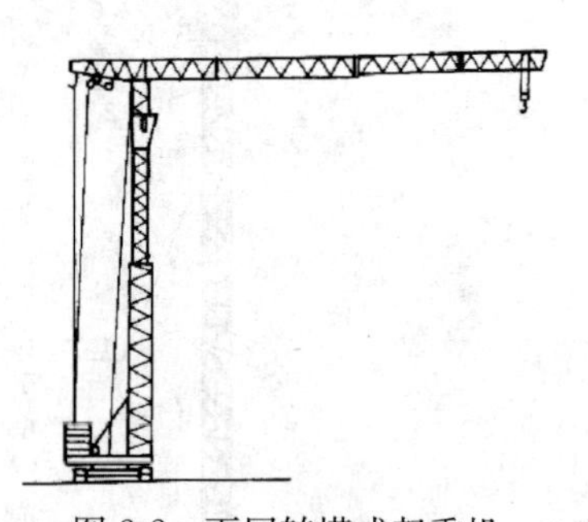

图 2-2　下回转塔式起重机

上回转塔式起重机塔身不旋转，起升、变幅等主要机构、回转支承、平衡重均设置在上端，其优点是当塔臂高度超过建筑物时，可做全方位回转，作业面广，塔身下部结构简单，可以随时加节升高，适宜高层建筑，因而广泛应用于建筑安装工程。缺点是当建筑物超过塔身高度时，由于平衡臂的影响，限制起重机的回转，同时重心较高，稳定性欠佳，在使用、安装、拆卸过程中必须十分重视其平衡、稳定。

2. 按底架是否移动方式分类

其特征是有无大车行走机构。

行走式塔式起重机（图 2-3）多为轨道式，塔式起重机塔身固定于行走底架上，通过行走轮，可在地面轨道上运行，靠近建筑物，稳定性好，能带负荷行走，工作效率高，在安装工程、工业厂房中应用较多。

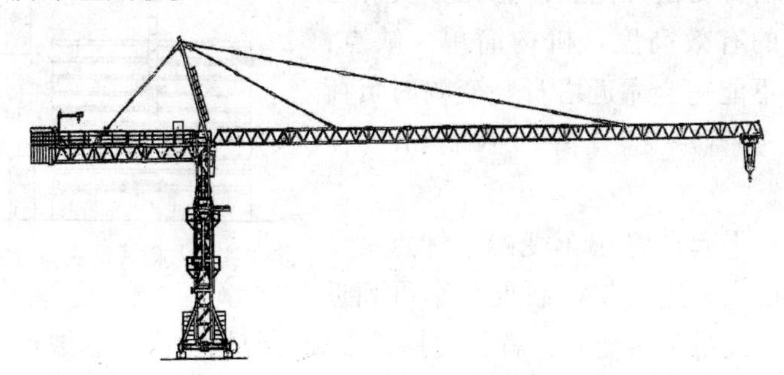

图 2-3 行走式塔式起重机

固定式塔式起重机也称为自升式塔式起重机。没有行走机构，安装在建筑物侧面或里面，固定在专门的基础上，能随建筑物升高而自行升高，附着方便，适用于高层建筑，不用铺设轨道，减少施工用地。目前被广泛应用于建筑安装工程。

3. 按安装方式分类

快装式。能进行折叠运输，自行架设的快装式塔式起重机都属于中、小型下回转塔机，主要用于工期短，要求频繁移动的低层建筑上，主要优点是能提高工作效率，节省安装成本，省时省工省料。缺点是起升高度低，结构复杂，维修量大，目前使用较少。

拼装式。需经辅机拆装的塔式起重机。

1）自升式塔机。通过汽车吊或其他起重设备安装固定在专门的基础上，能随建筑物升高而通过顶升系统升高，是目前建筑工地上的主要机种。

2）内爬式。安装在建筑物电梯井、楼梯间内，借助爬升装置，随建筑物升高而增高，顶升较繁琐，高层、超高层使用较多。优点：不需要装设基础，内爬式塔机前期投资少。缺点：往往拆卸难度大，后期投入精力、财力较多（图 2-4）。

4. 按变幅方式分类

动臂变幅。优点：能充分发挥起重臂的有效高度，机构简单。缺点：吊物不能完全靠近塔身，变幅时负荷随起重臂一起升降，不能带负荷变幅。

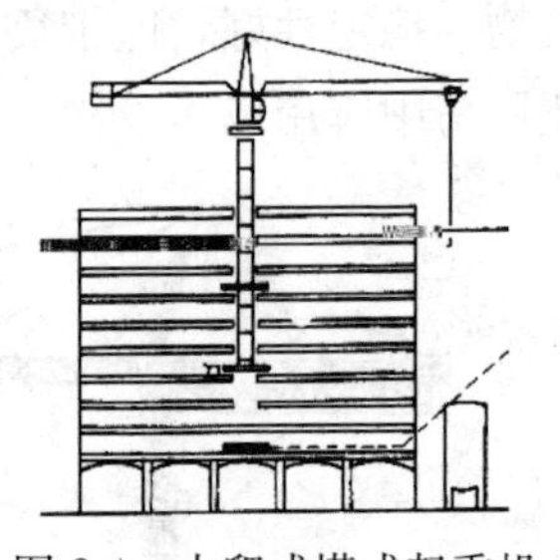

图 2-4 内爬式塔式起重机

水平起重臂小车变幅。优点：变幅范围大，速度快，载重小车可驶近塔身，能带负荷变幅，就位便捷、准确，应用范围广。缺点：起重臂受力情况复杂，对结构要求高，且起重臂和小车必须处于建筑物上部。

5. 按有无塔顶（尖、头）的结构分类

平头塔式起重机。其特点是在原自升式塔式起重机的结构上取消了塔顶及其前后拉杆部分，增强了大臂和平衡臂的结构强度，大臂和平衡臂直接相连。优点是整机体积小，安装便捷安全。缺点是在同类型塔机中平头塔机价格稍高。

带塔顶塔式起重机。应用广泛，因有塔尖及其前后拉杆部分，增加了大臂和平衡臂的受力性能，起重能力提高，往往成为使用者的首选机型。其缺点是一旦工程需要，空中增减吊臂困难。

二、塔式起重机的型号

塔式起重机型号按建筑机械与设备产品型号编制方法。型号编制图示如下：

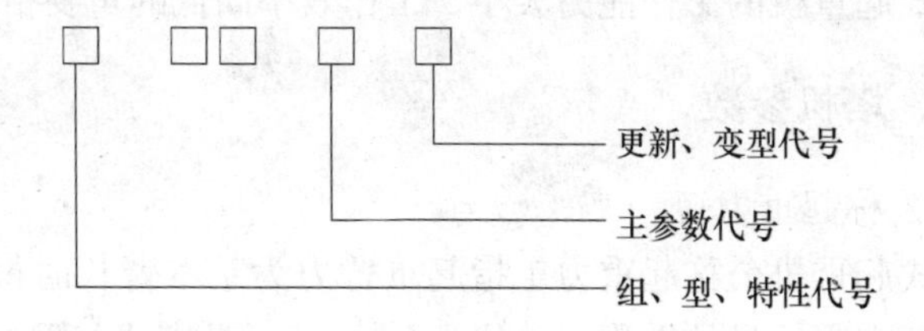

标记示例：

公称起重力矩 400kN·m 的快装式塔式起重机：

塔式起重机 QTK 400

公称起重力矩 600kN·m 的固定塔式起重机：

塔式起重机：QTG600

公称起重力矩 800kN·m 的自升塔式起重机：

塔式起重机：QTZ800

通过字头马上就可区分其特征，K——快装式塔式起重机，G——固定塔式起重机，Z——自升塔式起重机。

目前，许多生产厂家采用了另一种编号方式，以最大幅度和最大幅度起重量这两个基本参数为主，起重量的单位改为 t。

标记示例：

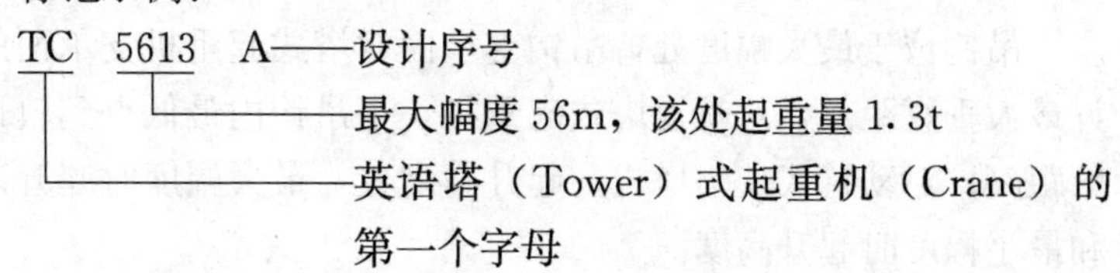

这个标注方法比较直观，最大幅度和最大幅度起重量一目了然，虽与标准不一致，却流行广泛。

第二节　塔式起重机的基本技术参数

塔式起重机的参数分为主参数和基本技术参数，它们是反映一台塔式起重机的工作能力大小、工作效率高低的重要指标。

一、塔机参数

1. 公称起重力矩

塔式起重机公称起重力矩指起重臂力为基本臂长时最大幅度与相应额定起重量的乘积，单位为kN·m。是塔式起重机的主参数，是防止塔式起重机工作时重心偏移而发生倾翻的关键参数。其他参数均为基本参数。根据JG/T 5307，其系列按表2-1划分。

表2-1　塔式起重机主参数系列　　　　**kN·m**

公称起重力矩						
	100	160	200	250	315	400
	500	630	800	1000	1250	1600
	2000	2500	3150	4000	5000	6300

2. 最大起重力矩

最大额定起重量与其在设计确定的各种组合臂长中所能达到的最大工作幅度的乘积，单位为t·m。

3. 起升高度

指塔式起重机运行或固定独立状态时，空载塔身处于最大高度、吊钩位于最大幅度处，吊钩支承面对塔式起重机支承面的允许最大垂直距离，对轨道塔式起重机，是吊钩内最低点到轨顶面的距离；对动臂式变幅塔机，起升高度分为最大幅度时起升高度和最小幅度时起升高度。

习惯上，自升式塔式起重机起升高度包括两个参数，一是塔式起重机安装自由高度（不需附着）时的起升高度，二是塔式起重机附着时的最大起升高度。

4. 工作幅度（也称回转半径）

塔式起重机空载时，其回转中心线至吊钩中心垂线的水平距离。

5. 起重量

起重量是吊钩能吊起的质量，其中包括索具及重物的质量。单位（kN）。

起重量包括两层含义：即最大起重量及最大幅度起重量。最大起重量是起重机在正常工作条件下，允许吊起的最大额定起重量，因此，均在幅度较小的位置。最大幅度起重量是起重机在最大幅度时，额定的起重量，这是一个很重要的参数。

例：TC5613 塔机，起升钢丝绳倍率为二时 56m 臂处的额定起重量为 1.38t，最大额定起重量为 4t，倍率为四时 56m 臂处的额定起重量为 1.3t，最大额定起重量为 8t。

塔式起重机的起重量是随吊钩的滑轮组数不同而不同。四绳是两绳起重量的一倍，可根据需要而进行变换。

表 2-2 是 TC5613 塔机安装 56m 臂时，在不同工作幅度时的起重性能表。

表 2-2　TC5613 塔式起重机 56m 臂时的起重性能表

幅度（m）		2.5～13.7	14	17	20	23	26	29	32
起重量（t）	两倍率	4.00					3.80	3.32	2.94
	四倍率	8.00	7.79	6.18	5.12	4.31	3.72	3.24	2.86

幅度（m）		35	38	41	44	47	50	53	56
起重量（t）	两倍率	2.63	2.36	2.14	1.94	1.77	1.63	1.50	1.38
	四倍率	2.55	2.28	2.06	1.86	1.69	1.55	1.42	1.30

6. 起升速度

塔式起重机起吊各稳定速度挡对应的最大额定起重量，吊钩上升过程中，稳定运动状态下的上升速度。

起升钢丝绳倍率为二时比倍率为四时快一倍。

起升速度是最重要的参数之一，特别是高层建筑中，提高起升速度就能提高工作效率，同时吊物就位时需要慢速，因此起升速度变化范围大是起吊性能优越的表现。

7. 回转速度

塔式起重机在最大额定起重力矩载荷状态，风速小于 3m/s，吊钩最大高度时的稳定回转速度。

8. 小车变幅速度

对于小车变幅塔式起重机，起吊最大幅度时的额定起重量，风速小于 3m/s 时，小车稳定运行的速度。

9. 整机运行速度

塔式起重机空载，起重臂平行于轨道方向，塔式起重机稳定运行速度。

10. 全程变幅时间

动臂变幅塔机起吊最大幅度时的额定起重量，风速小于 3m/s 时，臂架仰角从最小角度到最大角度时所需时间。

二、塔式起重机技术性能

起重机技术性能一般包括起重能力、工作机构速度等。

1. 起重能力表

反映塔式起重机在特定幅度处的起重能力，见表 2-2。

2. 起重特性曲线图（图 2-5）

起重能力仅用起重能力表表示是不连续的，用起重机的特性曲线来表示的则可使其连续，特性曲线是根据起重量、工作幅度绘制的这样一种曲线，起重量因幅度的改变而改变，两数据之积则是起重力矩。由于起重力矩是衡量塔式起重机的起重能力的主要参数，要正确使用塔式起重机，了解起重机特性曲线是十分必要的。每台起重机都有自己本身的起重量与起重幅度的对应表，俗称工作曲线表，挂在驾驶室里显著位置，显示不同幅度下的额定起重量，防止超载。

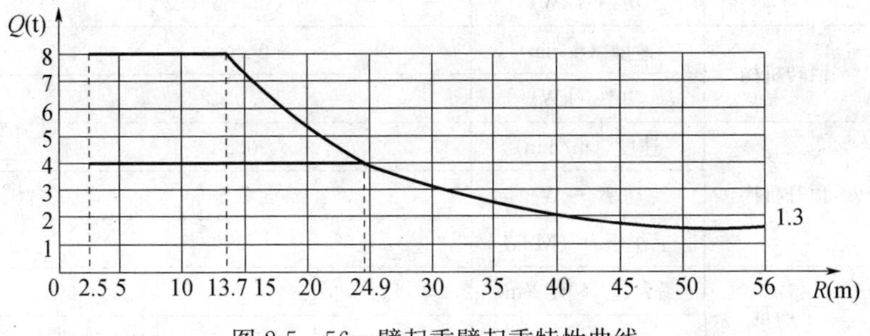

图 2-5　56m 臂起重臂起重特性曲线

3. 起重机技术性能

各类塔式重起机的技术参数不同，起重机技术性能是不一样的，这在工作中经常遇到，如 TC5613 塔机起重机技术性能，见表 2-3。

表 2-3　TC5613 塔式起重机技术性能表

机构工作级别		起升机构	M5
		回转机构	M4
		牵引机构	M4
起重工作幅度（m）		最小 2.5	最大 56
最大工作高度（m）		固定式	附着式
		46	150
最大起重量（t）		8	
起重机构	型号	QEW－880D（带强制通风）	
	倍率	$\alpha=2$	$\alpha=4$

续表

起重机构	起重量/速度（t/m/min）	2/80	4/40	4/40	8/20
	功率（kW）	30/30			
牵引机构	速度（m/min）	0～55			
	功率（kW）	5.55			
回转机构	速度（r/min）	0～0.8			
	功率（kW）	4.0×2			
顶升机构	速度（m/min）	0.58			
	功率（kW）	7.5			
	工作压力（MPa）	25			
平衡量	最大起升幅度（m）	44	50	56	
	质量（t）	12.0	13.05	14.1	
总功率（kW）		43.5（不包括液压系统）			
工作温度（℃）		－20～＋40			

第三节　塔式起重机的基本构造与组成

每台塔式起重机都由许多种零部件组成，按其所安装位置和所起的作用不同，一般分为几大部分，底架、塔身、回转支承、工作平台、回转塔身、起重臂、平衡臂、塔顶、驾驶室、变幅小车（平臂式塔式起重机）等部件，但自升式塔式起重机还要加爬升套架，内爬式塔式起重机还要加爬升装置，行走式塔式起重机要增加行走台车，附着式塔式起重机要加附着架。这些增加的装置大多也以金属结构为主，所以也称作塔式起重机的金属结构，它们是整个塔式起重机的支撑架，承受塔式起重机的自重及各类外载荷，直接关系到整台塔式起重机的使用性能和使用寿命，也关系到人们的生命财产的安全，因而金属结构是塔式起重机的关键组成部分。

图 2-6 为一台既有顶升装置又有行走台车的上回转塔式起重机，可以作为典型的构造示意图。

下回转塔式起重机由于回转支承在下面，塔身旋转，不能附着，故一般不能升得很高，目前，在建筑工程上用得较少，这里只做简单介绍。

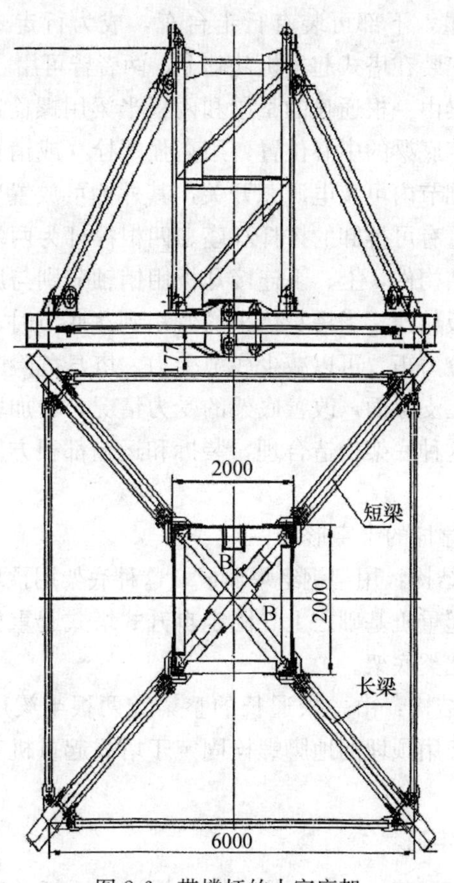

图 2-6 带撑杆的十字底架

一、底架

底架多是塔式起重机下连接基础或行走台车，上连接标准节的部件，形式有十字形、井字形、水母形、其他类型等，分别介绍。

（一）十字形

1. 带撑杆的十字形

由十字底梁、基础节、底节及四根撑杆组成。图 2-6 上边可放置活动压重，下部可装有行走台车，成为行走式，如为固定式，可直接安装在塔式起重机基础上，两者皆可用。

十字底梁由一根通长的整梁和两根半梁用螺栓连接而成，基础节位于十字底梁的中心位置，用高强螺栓（或销轴）与十字底梁连接。基础节内可装电源总开关，其外侧可放置压重。其四角主弦杆上布置有可拆卸的撑杆耳座。四根撑杆为两端焊有连接耳板的无缝钢结构件，上、下连接耳板用销轴分别与底节和十字底梁四角的耳板相连。当塔身传来的弯矩到达底节时，撑杆可以分担相当一部分力矩，可以减少底节受力，塔身危险断面由根部向上移到撑杆上支撑面，改善底架的受力情况，增加塔式起重机整体稳定性。这种底架构造合理，装拆和运输都很方便，应用比较广泛。

2. 不带撑杆的十字形

① 整体结构：用型钢组焊而成，这种底架用预埋的地脚螺栓固定于塔式起重机基础之上。固定自升式塔式起重机、内爬塔式起重机多用此类底架。

② 分体结构：由一根通长的整梁和两根半梁用螺栓连接而成，这种底架用预埋的地脚螺栓固定于塔式起重机基础之上，运输方便。

（二）井字形

由塔身基础节、梯形框梁、塔身撑杆、系杆及行走台车梁组成，上边可放置活动压重，下部可装有行走台车，成为行走式。如为固定式，可直接安装在塔式起重机基础上（图 2-7、图 2-8），两者皆可用，应用广泛。

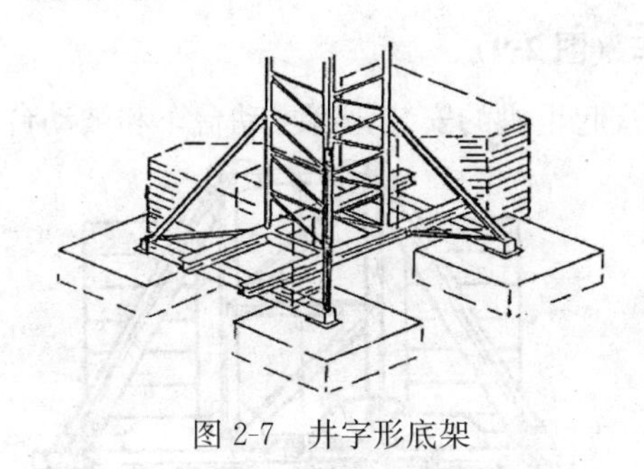

图 2-7　井字形底架

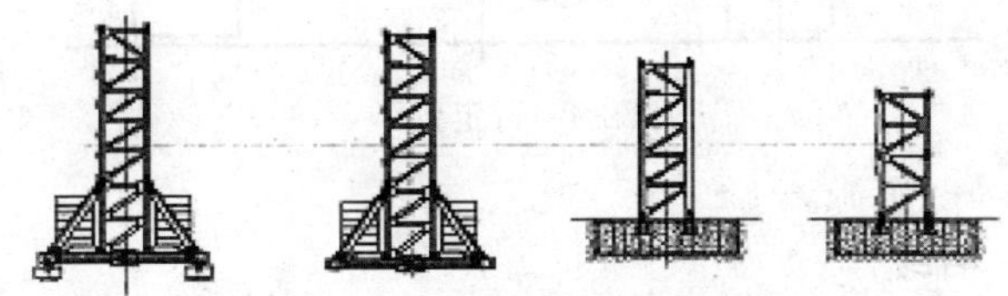

图 2-8　塔身与基础连接的各种形式

（三）水母形

由环形梁及四条活动支腿组成，用于轨道式下回转中型以上塔式起重机，它对轨道铺设误差、转弯半径的包容性较强。

（四）其他类型

还有无底架的预埋固定支腿、螺栓式也应用得较多，用四根固定支腿（标准节、螺栓）浇筑于混凝土基础上，上与标准节主弦杆相连接。

许多塔式起重机生产厂家根据用户需要生产出不同底架的产品，有可移动基础底架压重式（行走式，起升高度相对低）、固定基础底架压重式（底架有 4 根斜撑杆）、标准型无压重式底架（应用广泛）、无底架的固定支腿式等，用户可以根据承接的工程及今后的发展需求综合考虑，在起重能力相同的情况下（或者同型号塔式起重机），轨道式塔式起重机的造价要比固定式塔式起重机造价高出一部分。

（五）台车（图 2-9）

行走式塔式起重机的安装，有主动台车和被动台车。

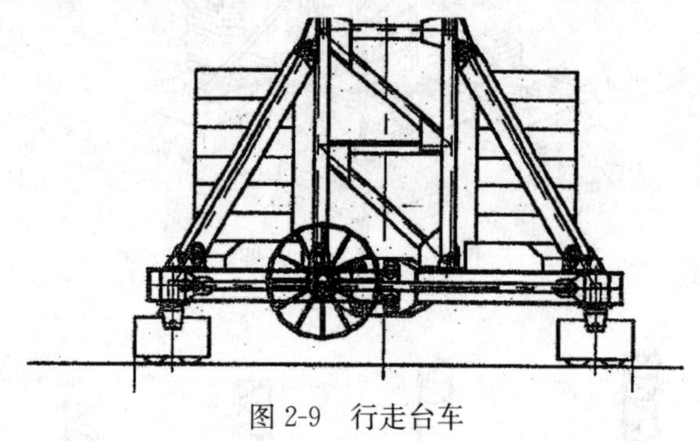

图 2-9　行走台车

二、塔身

塔身为塔式起重机的主要受力构件之一，工作时承受轴向力、弯矩及扭矩。下回转塔式起重机由于塔身旋转，相对来说塔身较低，多为整体结构、伸缩式结构，或节数较少。上回转自升式塔式起重机，由于塔身不转，可以随建筑物的升高而顶升接高，将塔身制作成标准节（一段长、宽、高都统一的塔身），塔身由若干标准节组成，这样具有互换性，便于安装、使用，但由于上、下塔身工作时承受轴向力弯矩及扭矩有所不同，有加强标准节和普通标准节之分。加强标准节所用的材质、规格优于普通标准节，安装于塔式起重机下部。一般塔身利用顶升装置加高，标准节主要分为整体结构（图 2-10）和片式结构（图 2-11）。整体机构为焊接结构，片式结构为四片焊接件，用高强螺栓通过图 2-11 所示片式结构标准节绞制孔连接组成一个标准节。片式结构标准节运输、存放方便，制作精度要求高，结构精巧；整体结构安拆方便，但占用空间大，运输、存放不便。国产塔式起重机多为整体结构，进口塔式起重机多为片式结构。

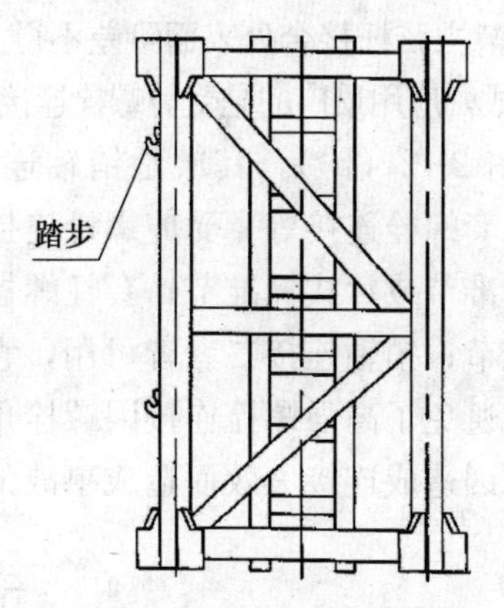

图 2-10　整体结构标准节

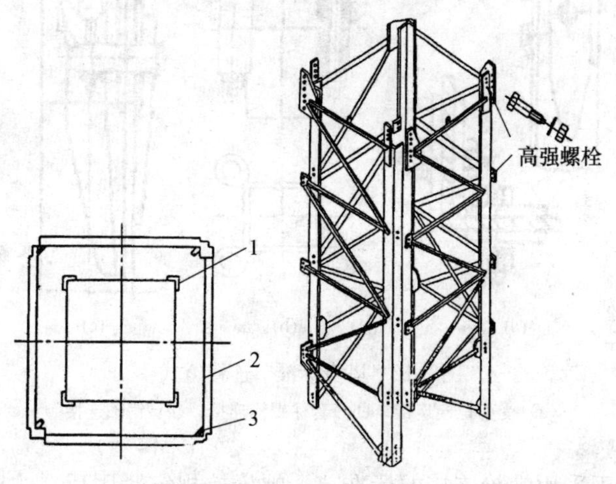

图 2-11　片式结构标准节

标准节的断面有圆形断面和方形断面，早期施工现场使用的圆形断面塔身已不多见，目前塔式起重机一般采用方形断面，断面尺寸多在 1.2m×1.2m 至 2.0m×2.0m 之间；标准节长度常用尺寸在 1.5m 至 8m 之间。主弦杆的型材主要有角钢、无缝钢管、焊接角钢特制方管等形式，从现场使用情况看，特制方管优于焊接角钢结构，标准节主弦杆接合处表面阶差不得大于 2mm。塔身标准节采用的连接方式，应用最广的是受剪螺栓连接（图 2-12（a））和套柱螺栓连接（图 2-12（b）），其次是销轴连接(图 2-12（c）)，此外还有剖分式瓦套螺栓连接等。受剪螺栓连接主要应用于主弦杆为角钢结构的标准节或片式标准节；套柱螺栓连接主要应用于整体式结构的标准节；销轴连接二者皆可用，它确保了塔身标准节连接的可靠性，避免了高强螺栓连接因螺栓预紧力达不到规定要求以及松动等原因造成连接失效而造成事故的可能性，但制作成本高。

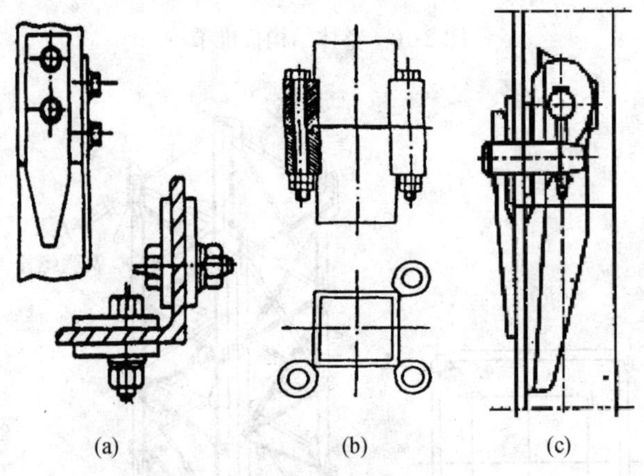

图 2-12　塔身标准节连接方式

（a）受剪螺栓连接；（b）套柱螺栓连接；（c）销轴连接

对于采用螺栓连接的标准节，螺栓按规定紧固后，主弦杆断面接触面积不小于应接触面积的 70%。连接螺栓、螺母、垫圈配合使用时，8.8 级以上等级的螺栓不允许采用弹垫防松，必须使用平垫圈，采用双螺母防松。

三、顶升套架

顶升套架是塔式起重机顶升的重要部件，有外顶升套架和内顶升套架两种形式。外顶升套架用于标准节为整体结构的塔身，内顶升套架用于标准节为片式结构的塔身。

（一）外顶升套架

外顶升套架为框架式空间钢结构件，形状为方形截面，前方开口，顶升套架由顶升结构主架、上下工作平台、引进梁、导向滚轮、引进滚轮等组成（图 2-13）。使用时套在塔身标准节的外面，上部四个内顶升套架角用销轴和塔式起重机的回转下支座连接，用销轴与下转台相连，套架上还设有耳板与顶升油缸连接。套架的中部设有支撑爬爪，顶升时用于支撑套架。顶升横梁是顶升时用以支撑塔式起重机上部质量的部件，一方面与顶升油缸的下部连接，另一方面它的两边通过爬爪支撑在标准节的踏步上，以便倒步。导向滚轮在顶升过程中起支撑和导向作用，是重要部件之一，一般为 16 个，上、下两层各 8 个，每个角两个，在顶升过程中调节套架与塔身的间隙。该部件反映塔式起重机上部只在油缸支撑状态下的平衡状态，必须高度关注。引进小车和吊钩及引进梁位于塔式起重机的上部，它是引进标准节的吊装和滑行轨道。

套架后侧装有液压顶升装置的顶升油缸及顶升横梁，液压泵站放置在套架工作平台上，顶升时顶升横梁顶在塔身的踏步上，在油缸的作用下，套架连同下转台以上部分沿塔身轴线上升，油缸顶升数次（根据设计、使用说明书要求），可引入一个标准节。

顶升作业后，正常工作时，为减轻塔身受力，外顶升套架往往落到塔身底部。

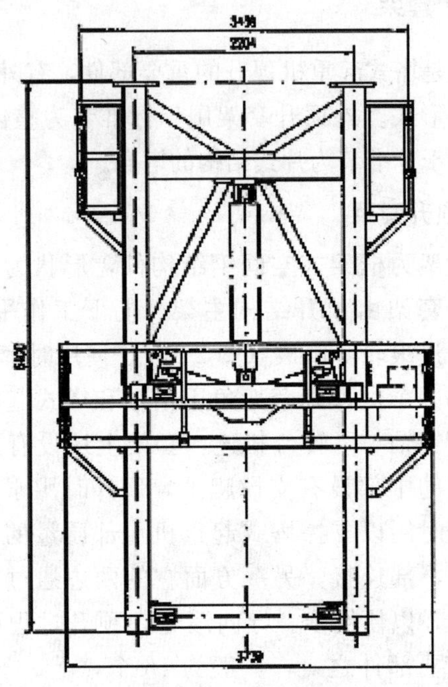

图 2-13　外顶升套架示意

（二）内顶升套架

内顶升套架也称塔身内节，在塔式起重机标准节内部，由结构主架、导向块、活动支腿等组成（图 2-14），上部四个角用销轴和塔式起重机的回转下支座连接，在内顶升套架外部焊有 16 个导向块，上下两层各 8 个，每个角两个，导向块在顶升过程中起支撑和导向作用，是重要部件之一。其在顶升过程中调节套架与塔身的间隙，反映塔式起重机上部只在油缸支撑状态下的平衡状态，必须高度关注。

塔式起重机正常作业状态，内套架的四个主弦杆与标准节通过专用连接件连为一体，塔式起重机上部质量及所受的各种载荷通过内套架的四个主弦杆传递到标准节，直至底座、基础。塔身节内必须设置爬梯，以便司机及作业人员上下。

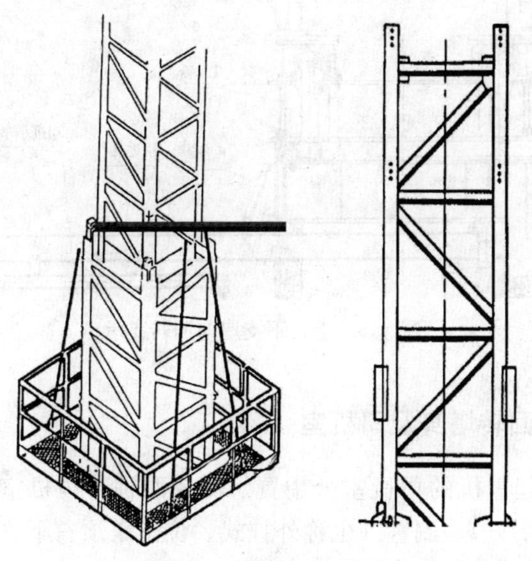

图 2-14 内顶升套架

四、上、下支座（平台）与回转支承

上旋式塔式起重机上支座、下支座、回转支承一般组装成一体。下支座下部与塔身标准节和顶升套架连接，上部与回转轴承相连，不随吊臂旋转，下支座往往装有引进标准节的轨道或引进梁（图 2-15）。

上支座上部安装回转塔身（小型塔式起重机往往无此构件），塔顶及前后臂，上、下支座分别通过高强螺栓与回转轴承连接，上支座与回转支承相连构成旋转部分，下支座与塔身相连并与塔身构成起重机的固定部分。塔式起重机的回转支承一般选用四点接触，滚珠式、交叉滚子轴承式偏多，都是标准件。

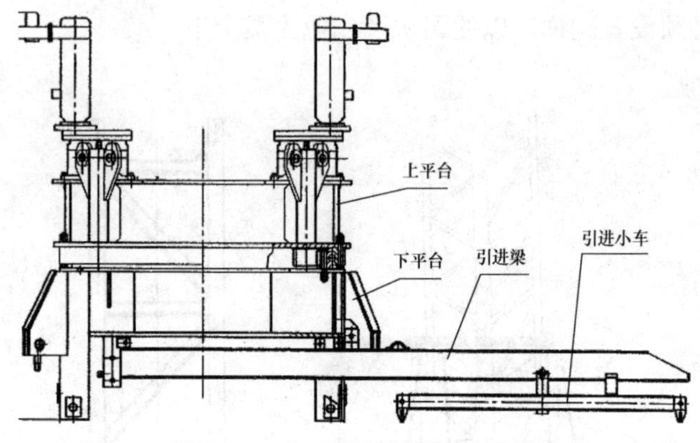

图 2-15　上、下支座与回转支承

五、回转塔身及司机室

塔式起重机的司机室分中置、侧置两种。司机室中置（位于塔顶正下方）、侧置（也称外挂式、位于塔顶右下侧）如图 2-16 所示。小车变幅的塔式起重机起升高度超过 30m 的、动臂变幅塔式起重机起重臂铰点高度距轨顶或支承面高度超过 25m 的，在塔式起重机上部应设置一个有座椅并能与塔式起重机一起回转的司机室。主令控制联动台装在其中（图 2-17），司机室门窗玻璃使用钢化玻璃，正面玻璃应设有雨刷器。司机室内必须配备灭火器，应通风、保暖和防雨；内壁应采用防火材料，地板应铺设绝缘层。落地窗应设有防护栏杆。在显著位置应有塔式起重机性能曲线图，高级配置的司机室内还应有综合液晶数字显示装置及电子监控系统。

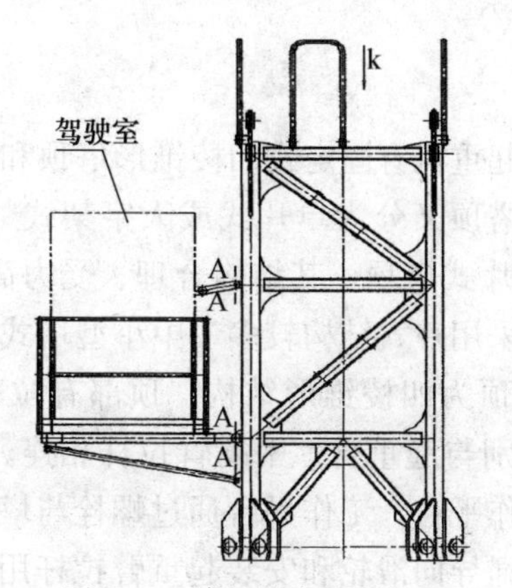

图 2-16　回转塔身及司机室

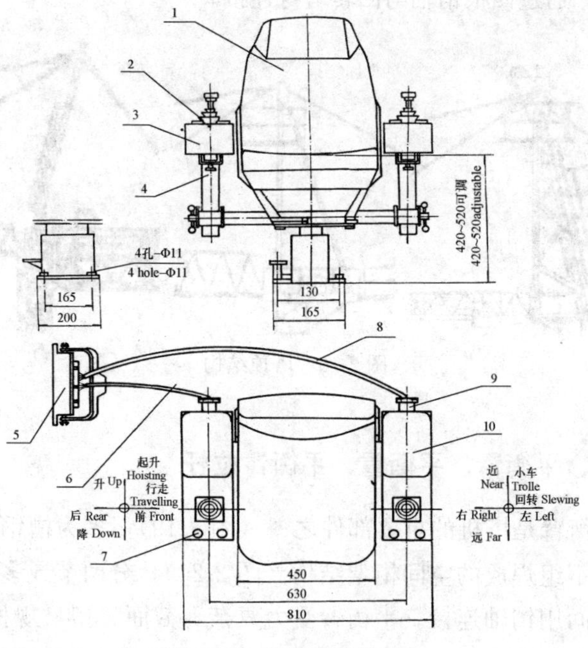

图 2-17　主令控制联动台

六、塔顶

自升式塔式起重机有固定式四棱锥形塔顶和片式塔顶的两种结构形式，片式塔顶又分为单片式或人字架式（双片式），如图2-18所示。采用片式塔顶，其结构合理、受力简单、安装方便。大型塔式起重机采用片式结构较多，中小型塔式起重机多采用四棱锥形结构，塔顶为四棱锥形结构，顶部有拉板架和起重臂拉板，通过销轴分别与起重臂、平衡臂拉杆相连。为了安装方便，塔顶上部设有工作平台，工作平台通过螺栓与塔顶连接。塔顶上部设有起重钢丝绳导向滑轮和安装起重臂拉杆用滑轮，塔顶后侧主弦下部设有力矩限制器，并设有带护圈的扶梯，塔顶下端有四个耳板，通过四根销轴与回转塔身连接。

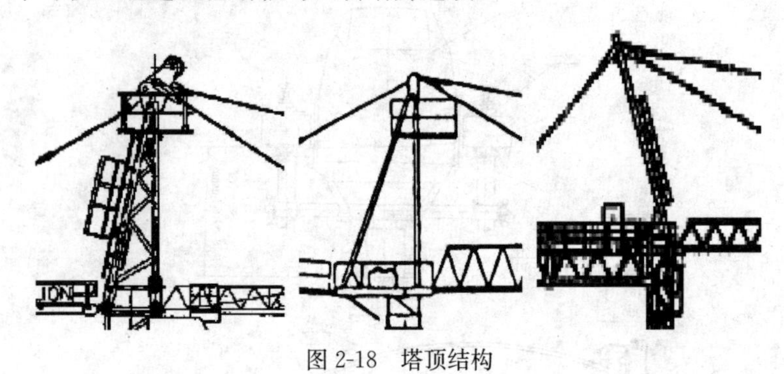

图 2-18　塔顶结构

七、平衡臂、平衡重、平衡臂拉杆

平衡臂是塔机的重要部件之一（图 2-19），多为槽钢或工字钢及角钢组焊成的空间桁架结构（图 2-20），分两节或多节，节与节之间用销轴连接。平衡臂受力复杂，截面、型材规格较大，其上一般有平衡重、起升机构、电控柜、平衡臂拉杆等，平衡臂上设有栏杆及走道板，在臂两侧还有工作平台。平衡臂的一端用销轴与回转塔身连接，另一端则用两根组合刚性拉杆同塔顶连接。

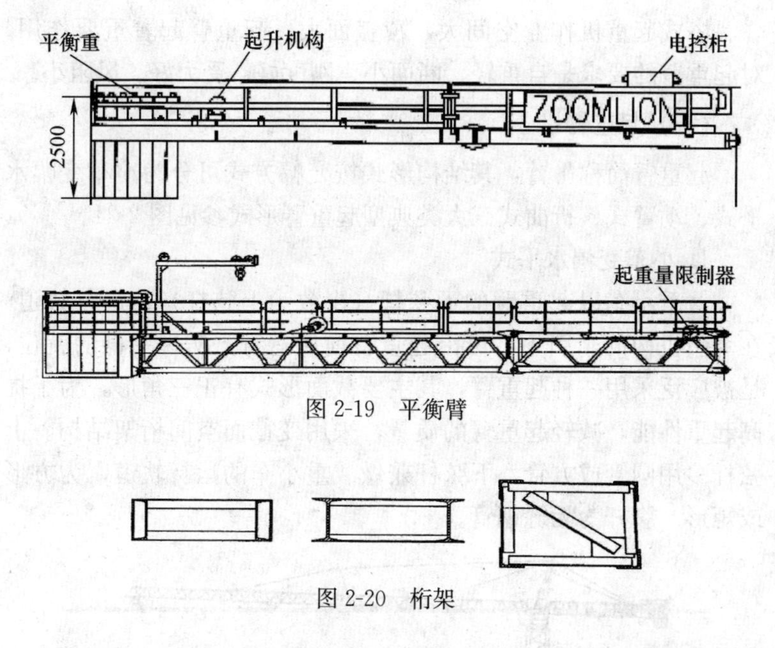

图 2-19　平衡臂

图 2-20　桁架

平衡重用于平衡塔式起重机载荷工作状态下产生的不平衡力矩，安装于平衡臂尾部，质量随起重臂安装长度的增减而变化，平衡重目前多为钢筋混凝土制成，分成若干块，塔式起重机生产厂家一般提供图纸，用户制作，或根据需要，塔式起重机生产厂家提供成品。每块平衡重都必须在本身明显的位置标出质量。平衡重可以用汽车吊安装，也可以用塔式起重机的起升机构通过平衡重装置自行安装。

起升机构多安装于平臂尾部，本身有其独立的底架，用螺栓固定在平衡臂上，以起到配重作用。平衡臂拉杆多为实心圆钢，少数为钢板。一般长度在 6m 左右，节与节之间用销轴连接，拆装方便。

八、起重臂、起重臂拉杆、变幅小车

塔式起重机作业空间大，覆盖面大，起重臂起着重要作用。对起重臂的要求是自重轻、断面小、刚度好、受力好、风阻小。

（一）起重臂

起重臂简称吊臂，其结构形式按变幅方式可分为小车变幅水平式、动臂式、折曲式三大类典型起重臂形式参见图 2-21。

1. 小车变幅水平式

载重小车以起重臂的下弦杆（少数为上弦杆）为运行轨道，在牵引机构的牵引下，可沿起重臂前后运行，实现平稳的就位，是被广泛采用一种起重臂，其主要截面形式有正三角形，为了提高起重性能，减轻起重臂的质量，采用变截面空间桁架结构。上弦杆多用圆管或方管，下弦杆兼做载重小车的运行轨道，为方形或矩形。腹杆为无缝钢管。

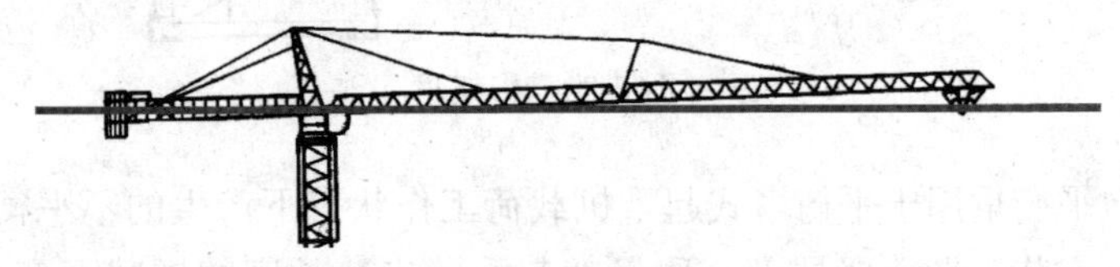

图 2-21　起重臂

塔式起重机的吊臂由若干吊臂节组成（图 2-22、图 2-23）。一般每节长度在 6～10m 之间，分为根部节、中间节、臂尖节（端部节）。根部节与回转塔身用销轴连接。中间节为了保证起重臂水平，在节上分别设有两个或一个吊点，通过吊点用起重臂拉杆与塔顶连接，多在起重臂第二节中装有牵引机构。

臂尖节稍短，端部用于起升钢丝绳和绕变幅钢丝绳、缓冲器。节与节之间用销轴连接，拆装方便。吊臂的长度可以根据使用的需要进行调整，调整时需同时调整拉杆长度和配重的质量，起重臂组装时，必须严格按照每节臂上的序号标记组装，不允许错位或随意组装（图 2-24）。

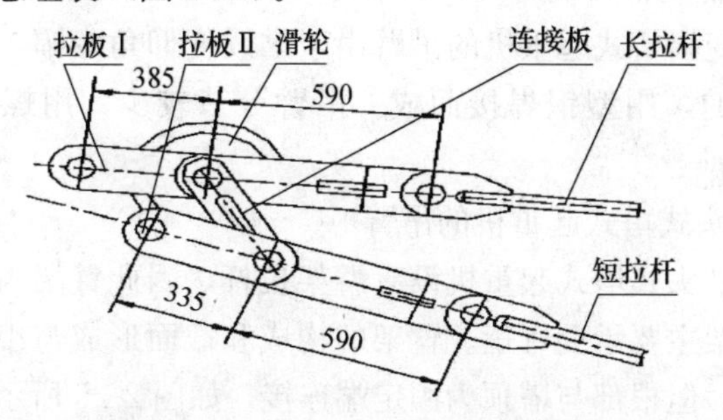

图 2-22　起重臂采用单吊点、双吊点及平头式无吊点三种方式

图 2-23　吊臂臂杆组成

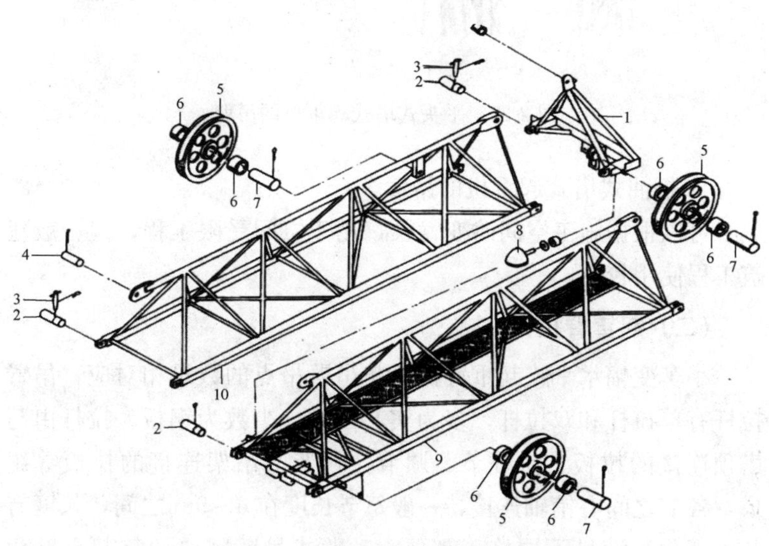

图 2-24　小车变幅水平式吊臂总成

2. 动臂变幅塔式起重机的吊臂

动臂变幅塔式起重机的吊臂由于靠改变仰角变幅，其断面往往是矩形的，用型钢焊接而成。吊臂分节较少，用螺栓或销轴连接。

3. 平头式塔式起重机的吊臂

由于平头式塔式起重机没有臂架拉杆，因此臂架为一悬臂梁结构，臂架主要承受弯矩。臂架的构成和截面形成与小车式水平臂架相同，但根部与塔顶为固定端连接，如图 2-25 所示。

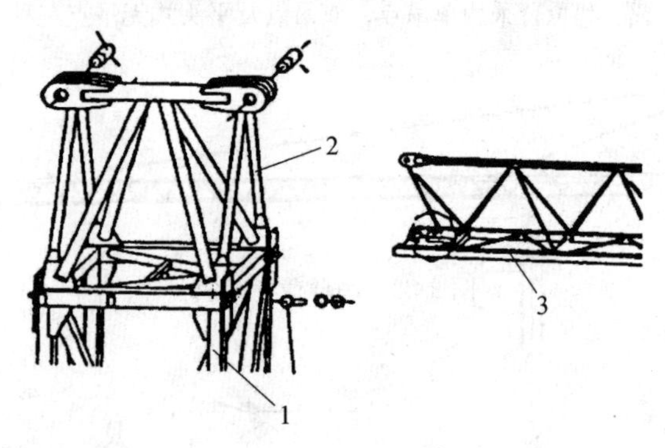

图 2-25　平头式塔式起重机的吊臂

4. 折曲式塔式起重机的吊臂

可以根据施工空间改变臂长，用于空间受限工程，但一般建筑工程使用较少。

(二) 起重臂拉杆

小车变幅水平式起重臂拉杆与吊臂吊点的数量相对应，吊臂拉杆有单拉杆和双拉杆，多为实心圆钢，少数为钢板。拉杆由与塔顶连接的拉板、拉杆节、调节拉杆节与吊架连接的拉板等组成，各节之间有销轴连接，一般每节长度在 6～9m 之间，长度有几种变化，满足不同施工需要。动臂式吊臂因要调整起重臂角度，多采用钢丝绳为起重臂拉杆，或钢丝绳、钢板混合式。

（三）变幅小车及工作吊篮（维修挂篮，图 2-26）

变幅小车是带动吊钩与重物沿起重臂往复运动的钢结构件，有单小车（图 2-27）和双小车（图 2-28）两种。载重车由车架结构、起升滑轮组、小车行走轮及导轮、小车牵引绳张紧装置和断绳保护装置、断轴保护装置等组成。

变幅小车按结构形式可区分为三角形（图 2-27）和矩形框架（图 2-28）两种。三角形变幅小车结构简单，自重较轻，但结构加工要求较高。应用于中小各种载重量。矩形变幅小车结构稍复杂，应用于大中载重量。

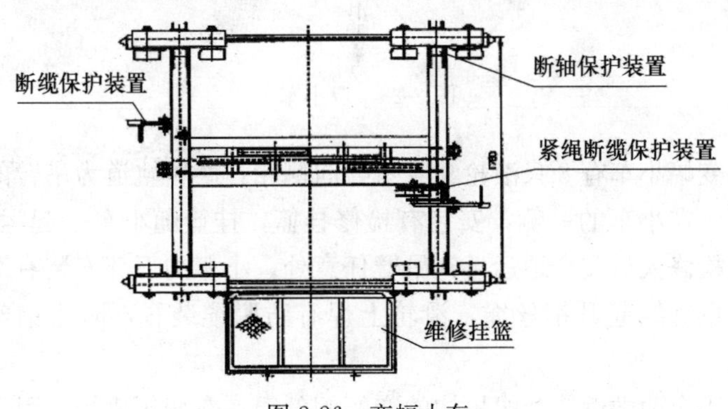

图 2-26　变幅小车

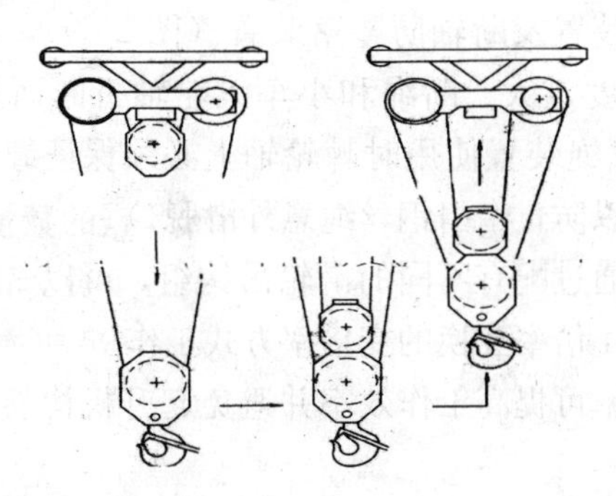

图 2-27　单小车

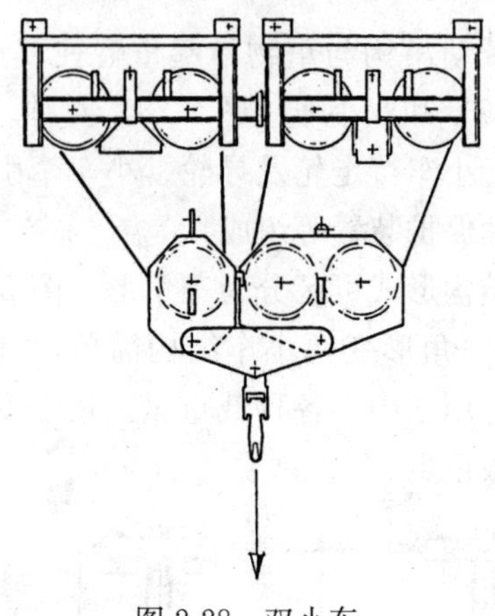

图 2-28　双小车

变幅小车有 8 只滚轮和 4 只导向侧轮，滚轮轨道为吊臂的下弦杆。在小车的一侧，安装有检修挂篮，挂篮随小车一起运动，可将检修人员安全地运送到吊臂任意处，小车的下部安装有滑轮组，供缠绕起升钢丝绳，滑轮上焊有防脱缆装置，防止钢丝绳脱落。

小车两端缠绕变幅机构的变幅钢丝绳，在变幅机构牵引下小车带动吊钩及重物可以在整个吊臂上运动。另外在小车上设有紧绳、断绳保护装置及断轴防坠落装置（图 2-29），以防止发生因变幅钢丝绳挠度过大、断绳和小车滚轮轴折断而造成的意外事故。（注意：紧绳装置使用时棘轮轴上必须保证缠绕三圈以上的牵引钢丝绳，以防止牵引钢丝绳意外滑脱。）

载重小车通过配有不同的滑轮吊钩组，可以 2 倍率工作，也可以 2 倍率和 4 倍率互换的变倍率方式工作。

采用 2 倍率可提高工作效率并避免起升机构卷筒上钢丝绳缠绕层数过多。

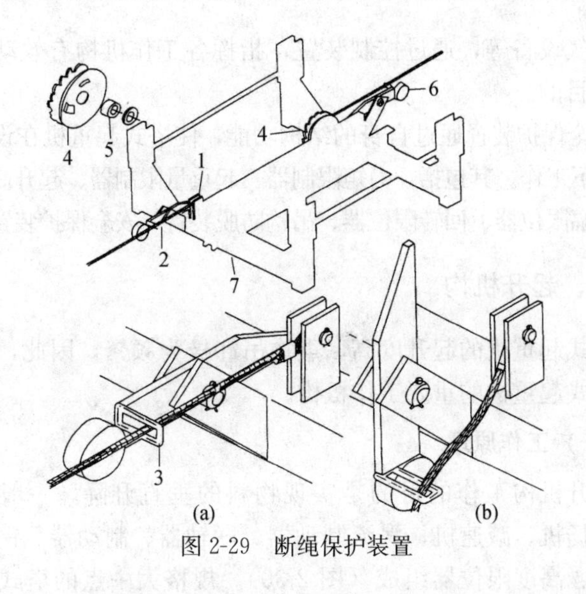

图 2-29　断绳保护装置

第四节　塔式起重机工作原理

掌握塔式起重机基本工作原理对于正确的操作、安装、维修、保养等都至关重要。

一、塔式起重机基本工作原理

塔式起重机的工作是通过一系列工作机构、装置进行的，这些工作机构有五种：起升机构、变幅机构、小车牵引机构、回转机构、大车走行机构（行走式的塔式起重机），这些工作机构通过电气控制装置实现各机构有机的结合，实现重物的上下、水平及叠加运动，达到预期目的。

液压顶升装置是自升式塔式起重机的升高（降低）装置。

塔式起重机的电气设备控制装置根据需要指挥塔式起重机工作，包括电动机、控制器、配电柜、连接线路、信号及照明装置辅助电气设备等，通过控制装置，指挥各工作机构有效动作，达到预期目的。

安全保护装置通过自身的结构功能，使塔式起重机在设定的安全状态下工作。其包括：力矩限制器、起重量限制器、起升高度限位器、变幅限位器、回转限位器、吊钩防脱装置等安全保护装置。

二、起升机构

塔式起重机的起升度高，重物吊卸极为频繁，因此，起升机构是塔式起重机的重要工作机构。

（一）工作原理

起升机构工作的目的是实现物料的垂直升降。一般由电动机、卷扬机、减速机、涡流制动器、联轴器、制动器、钢丝绳防扭装置、高度限位器组成（图 2-30）。规格大一点的塔式起重机具有高中低三个上升和与上升速度相等的三个下降速度，其升降或速度的改变借助于主令控制器通过电气控制系统来实现，能轻载快速、重载和启动慢速、就位微动，提高功效。

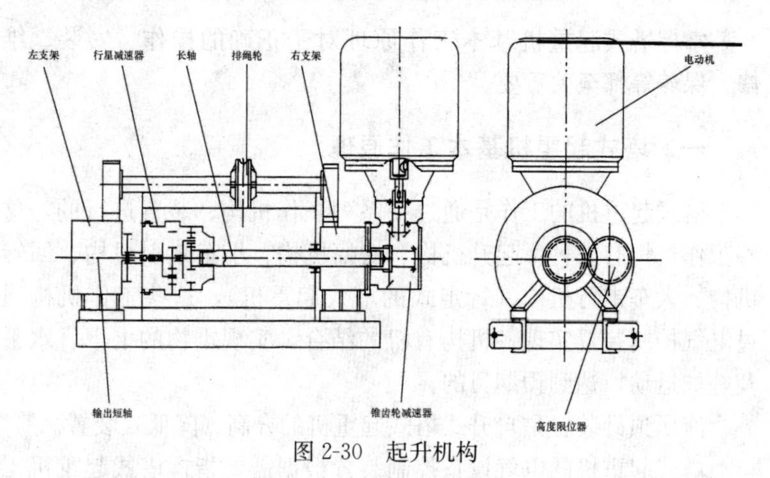

图 2-30　起升机构

电动机通过减速器带动卷扬机卷筒旋转，卷筒上的钢丝绳带动吊钩实现物料的垂直升降。

电动机尾部带有一个常闭起升电磁制动器，以保证断电时可靠制动。其手动闸松开可保证停电情况下，将悬吊的物料慢慢降落地面。高度限位器是上升超高或下降超低的误操作保护装置。

塔式起重机由于起升度高，主卷扬钢丝绳长度一般在200～700m之间，因此，防止钢丝绳乱绳是一关键问题，卷扬机除了装有排绳装置外，卷扬机卷筒也是一个关键，卷筒直径大的要比小的好，一些厂家主卷扬机采用折线绳槽的大卷筒技术，解决了钢丝绳排列容易乱绳的难题。

塔式起重机的电机往往使用专用电机，多为两速、三速。

减速器一般为圆柱、圆锥齿轮减速器。

（二）制动器

制动器是塔式起重机上重要的部件，它直接影响起升机构运动的准确性和可靠性。起升机构的起升、下降制动非常频繁，使用时要求平稳、可靠（图2-31）。

塔式起重机的制动器主要有块式、盘式两种，块式又可分为电磁和液压两种，下面分别介绍：

1. 盘式制动器的结构和调整

一般是在电机输出轴外加盘式制动器，结构如图2-31所示，因此，使塔式起重机在启动和制动中平稳无冲击，适用于大中小各类塔机。

调整方法：依制动器应用中的实际制动效果，力矩不够时，打开电机罩，调整螺母，使弹簧缩短；力矩过大时，使弹簧伸长，每次调整完后，试动作数次，应保证衔铁处的间隙在规定范围，吸合及脱开动作准确无误。

电动机尾部带有一个常闭起升电磁制动器，以保证断电时可靠制动。其手动闸松开，可保证停电状态下将吊物慢慢降落至地面。

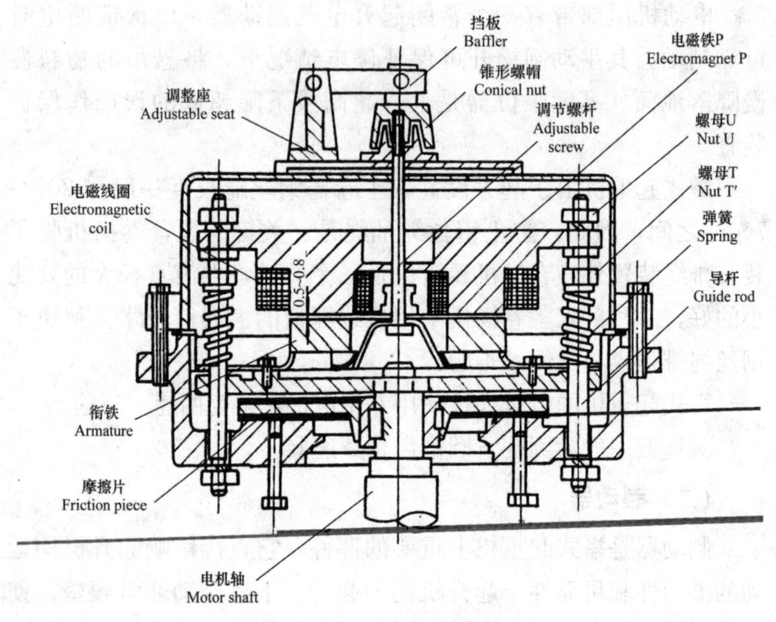

图 2-31　起升制动器

2. 电磁铁制动器

它是由弹簧力锁紧闸瓦，抱住制动轮，电磁线圈通电，弹簧压缩，松开闸瓦，让电机旋转。它的制动力矩和行程较小，因而，适用于小型塔式起重机。

3. 液力推杆制动器

液力推杆制动器是用一个很小的电液泵带动一推杆来压缩弹簧，代替上面所述电磁铁的作用，以松开闸瓦，其他部分还是抱闸结构。但是它的力量和行程比电磁铁大，所以适应范围广。

电磁铁制动器、液压推杆制动器的调整，都是通过调整弹簧压缩量来实现的。

（三）倍率变换装置

载重小车通过配有不同的滑轮吊钩组，可以 2 倍率工作，也可以 2 倍率和 4 倍率互换的变倍率方式工作。

采用 2 倍率可提高工作效率并避免起升机构卷筒上钢丝绳缠绕层数过多，4 倍率可以提高载重量。

（四）钢丝绳防扭装置，装在臂尖，对未采用不旋绕钢丝绳而设置的，释放钢丝绳在工作中产生的扭力。其结构如图 2-32 所示。

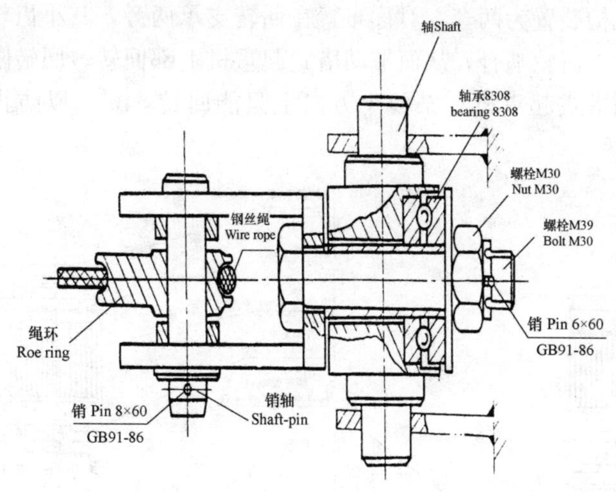

图 2-32　钢丝绳防扭装置

（五）塔式起重机的起升度高，为提高功效，需要有良好的调速性能，为工作平稳可靠，一般除采用电阻调速外，还常采用涡流制动器、调频、变极、可控硅和机电联合等方式调速。一些起升机构采用变频无级调速电机或 PLC 控制，工作平稳，极大地改善了运行平稳性，提高了就位准确度，操作简便轻巧，对电网无冲击，显著提高了电控系统元件的寿命，延长了钢丝绳的寿命。

三、回转机构

回转机构是塔式起重机惯性冲击影响最直接的传动机构，吊臂越长，影响越突出（图 2-33）。

（一）工作原理

回转机构的作用是使吊臂、平衡臂等左、右回转，达到在水平面上沿圆弧方向运送物料、保障其工作覆盖面的目的。回转机构由电动机、制动器、液力耦合器、减速器、小齿轮组成，典型回转机构装置为两套，对称布置在回转支承两旁，其小齿轮与回转支承大齿轮啮合，从而带动塔式起重机上部回转。回转限位用以控制塔式起重机在某一个方向上只能回转 540°，以防止扭断电缆。

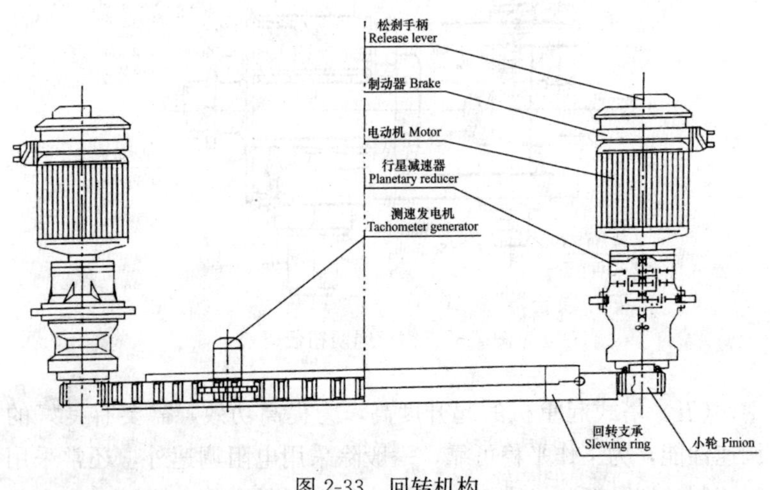

图 2-33　回转机构

（二）回转制动器

1. 作用

回转制动器用于有风状态下，将工作或顶升时的塔臂定位在规定的方位。严禁用制动器停车，也不允许打反车来帮助停车。下班时，必须解除制动，以防风载使塔身受扭引发事故。

2. 制动器结构及调整

结构见图 2-34，根据应用中实际的制动效果，制动力矩不足时，调整螺母使制动压盖和摩擦片之间距离缩小；制动力矩过大时，则调整螺母使制动压盖和摩擦片之间距离增大。每次调整后，试动作数次，应保证滑动无阻，吸合及脱开动作准确无误(弹簧件锈蚀严重时，应予更换)。

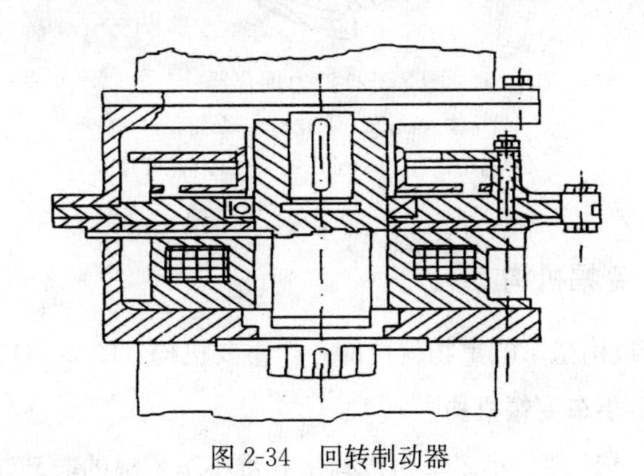

图 2-34　回转制动器

(三) 液力耦合器 (图 2-35)

液力耦合器是由合金铝制作的泵轮和涡轮组成，中间灌注液压油，作用是减小冲击、防止过载，当有两套回转机构同时并联工作时，可以协调其负载平衡，不至于转得快的负载很大，转得慢的就负载轻。但若转速过低，液力耦合器效率就很低，有时甚至不会动。所以对调频电机，就不要再加液力耦合器，以免低速下带不起来。

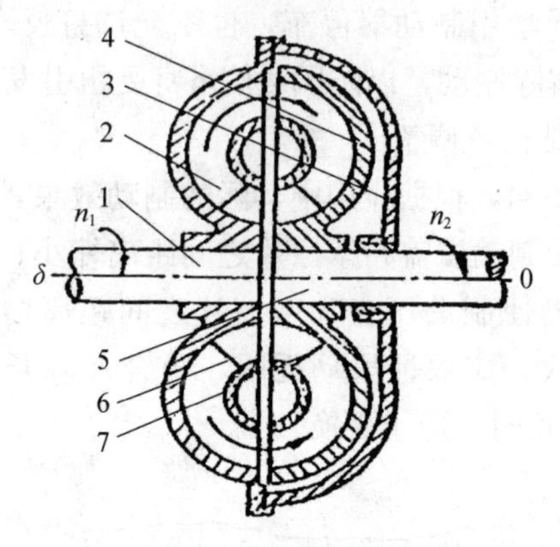

图 2-35　液力耦合器

1—输入轴；2—泵轮；3—泵轮壳；

4—涡轮；5—从动轴；6、7—工作轮叶片

四、变幅机构

变幅机构是影响重物就位的一个重要机构（图 2-36）。

（一）小车变幅机构

1. 工作原理：小车牵引机构是载重小车变幅的驱动装置，专用电机经由行星减速机（电机另一头装有电磁盘式制动器）带动卷筒，通过钢丝绳，使载重小车以三种速度在臂架轨道上来回变幅运动。

牵引绳有两根，两根绳的一端分别固定在牵引卷筒的两端，经缠绕后分别向起重臂的前后引出，经臂根和臂端导向滑轮后，两根绳的另一端固定在载重小车上。变幅时靠这两根绳一松一放来保证载重小车正常工作。载重小车运行到最小和最大幅度时，卷筒上两根钢丝绳的圈数均不得小于 3 圈。

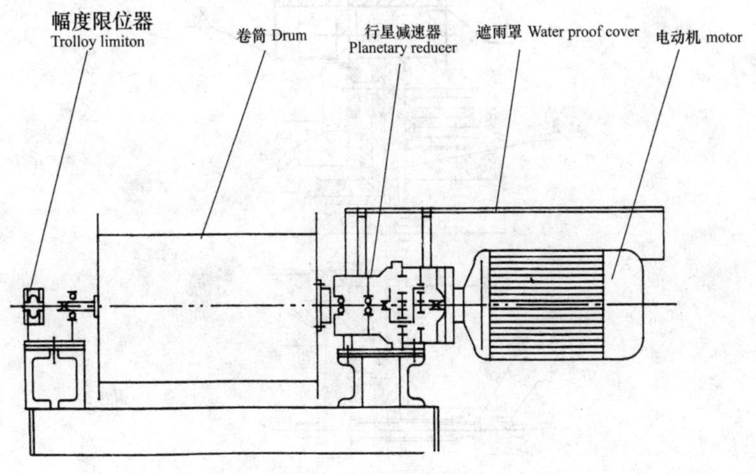

图 2-36　变幅机构

2. 小车牵引机构制动器的结构、调整

小车牵引机构制动器的结构如图 2-37 所示，调整方法：依制动器应用中的实际制动效果，力矩不够时，打开制动罩（件 1），调整螺母（3、4、5），使弹簧（6）缩短；力矩过大时，使弹簧伸长，每次调整完后，试动作数次，应保证衔铁（2）在导向螺栓（7）上滑动无阻，吸合及脱开动作准确无误。

塔式起重机的起升、回转、变幅、行走机构都配备制动器，为了保证制动力矩，要认真检查各机构制动器的状况，观察制动闸瓦的开度及摩擦元件的磨损情况，制动盘的间隙情况，其调整必须严格按使用说明书进行。

（二）动臂式塔式起重机的变幅靠改变起重臂仰角来实现，所以，最大幅度、最小幅度限位十分重要，除此之外，还有幅度指示器。

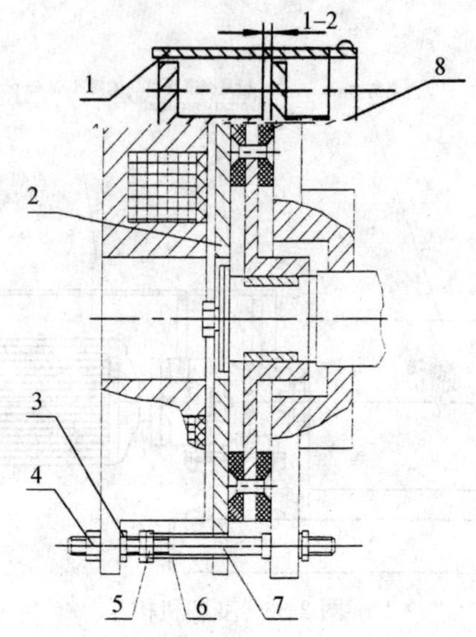

图 2-37　小车牵引机构制动器

1—制动罩；2—衔铁；3、4、5—螺母；6—弹簧；7—导向螺栓；8—摩擦片

五、行走机构

行走的惯性质量大，行走机构多为电机带动行星减速机传动、液力耦合器、再直联行走轮，调速平稳冲动小，构造简单、可靠性高。在主动台车外部装有两个行程限位开关，控制塔式起重机行走不超出设定极限位置，且必须配有电缆卷线器，参见图 2-38、图 2-39。

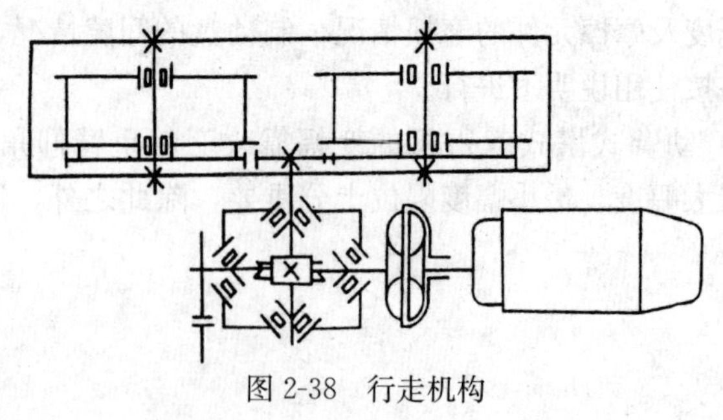

图 2-38　行走机构

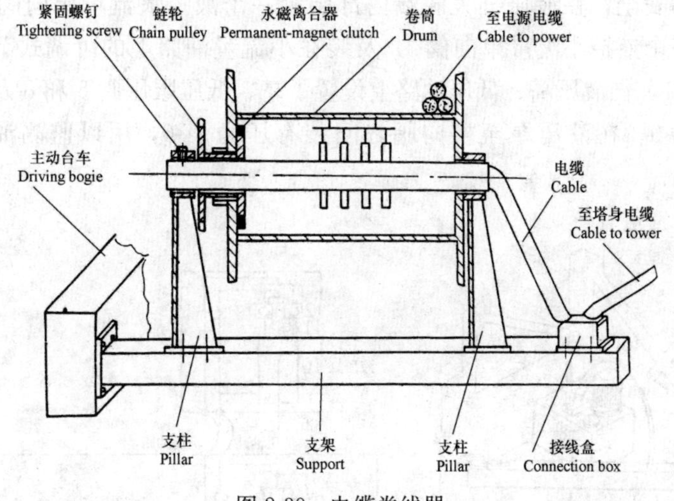

图 2-39　电缆卷线器

六、电气控制装置

塔式起重机的电气控制装置是塔式起重机的中枢神经控制系统，一旦失去作用，塔式起重机这个庞然大物就会失去作用，因此，电气控制装置非常重要。

七、液压顶升装置

塔式起重机液压系统中的主要元器件是液压泵（图 2-40）、电缆卷线器、液压油缸、控制元件、油管和管接头、油箱和液压油滤清器等，如图 2-41 所示。

液压泵通过控制元件把油吸入并通过管道输送给液压缸，从而使液压缸进行伸缩，实现塔式起重机的顶升、下降。

（一）典型的顶升液压系统的组成

顶升液压系统由液压泵 3、安全阀 4、手动换向阀 7、油箱 1、过滤器 2 和液压缸 10 等元件组成。为了保证塔式起重机顶升过程中的安全，在液压缸大腔端内部装有一个液控大流量单向阀 13 和一个液控小流量单向阀 12 及装在小流量油路上的可调式节流阀 11，在液压高、低压油路上设置了高、低压限压阀 5 和 8 及平衡阀 9，在液压泵至换向阀之间装有压力表 6，用以监测油液压力。

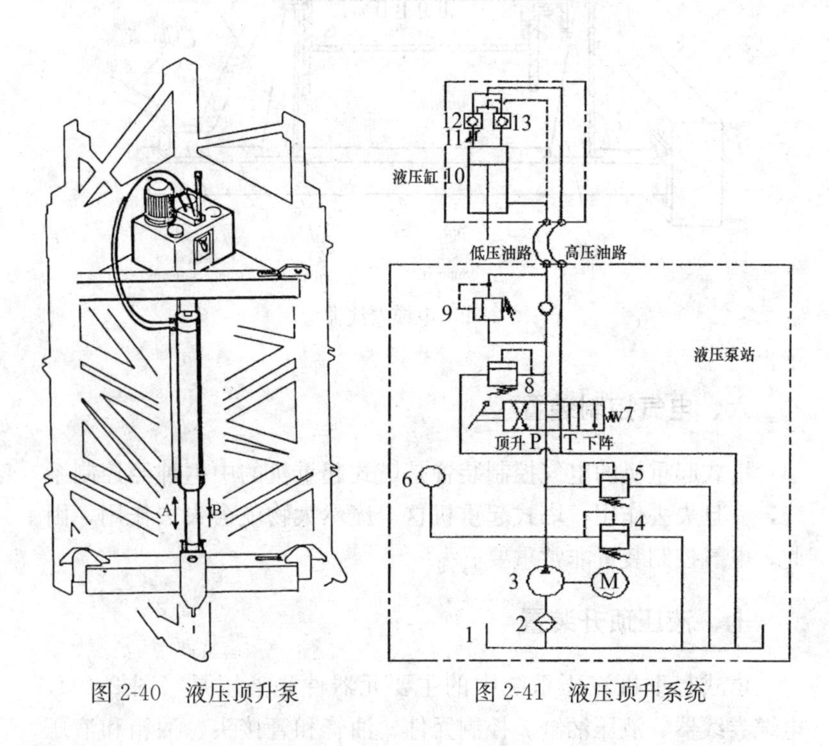

图 2-40　液压顶升泵　　图 2-41　液压顶升系统

为适应安装、拆卸的需要，顶升液压系统将泵、阀、油箱等做成一体，组成液压泵站，并采用管接头及高压胶管与液压缸连接。液压缸通过活塞杆的伸缩动作带动顶升横梁上下运动来完成塔身的顶升和接高，液压缸要承受塔式起重机转台以上部分和套架的全部质量。

（二）顶升液压系统工作原理

接通电源，开动电动机，带动液压泵 3 输出液压油，通过操纵手动换向阀 7 改变液压缸 10 活塞杆的伸缩动作，来完成一个顶升循环（图 2-41）。

1. 没有操纵手动换向阀 7

操纵杆液压泵 3 输出的液压油经换向阀 7 返回油箱 1，液压缸 10 不动。

2. 操纵手动换向阀 7 至“顶升”位置（提起操纵杆）

液压油在高压限压阀 5 调定好的压力下，经换向阀 7 及高压油路打开单向阀 12、13 进入液压缸 10 大腔，推动活塞向下，活塞杆伸出；小腔中的液压油经低压油路、平衡阀 9 和换向阀 7 返回油箱 1。此时，活塞克服塔式起重机套架及以上部分的质量，并将其向上顶起，顶升速度由液压泵的流量决定，大约为 0.48m/min。当放下操纵杆，停止顶升动作，单向阀 12、13 在外载荷作用下关闭，塔式起重机套架运行部分会停止在一定的位置上。

如要降下顶升横梁，仍操纵手动换向阀 7 至“顶升”位置，在顶升横梁的自重下，活塞杆伸出，顶升横梁便会下降，当顶升动作停止时，由于顶升横梁的自重产生的压力小于平衡阀 9 调定的压力，小腔中的液压油不能通过低压油路流回油箱。因此，顶升横梁会保持在一定的位置上。

3. 操纵手动换向阀 7 至“下降”位置（按下操纵杆）

液压油在低压溢流阀 8 的调定压力下，经平衡阀 9 中的单向阀进入液压缸 10 小腔，同时控制打开小流量单向阀 12，但不能打开大流量单向阀 13（因为控制打开大流量单向阀 13 的开启力远小于作用于液压缸 10 大腔活塞上压力所产生的阻力）。大腔中的液压油经可调式节流阀 11、液控小流量单向阀 12、高压油路和换向阀 7 流回油箱 1。此时，活塞在低压油的压力和外载荷的共同作用下，使活塞杆缩回。塔身下降速度由液压缸大腔上的节流阀 11 调定。

提升顶升横梁（活塞杆缩回），与下降的方法一样，操纵手动换向阀 7 至“下降”位置。此时，进入液压缸 10 小腔的液压油克服顶升横梁造成的压力，液压缸大腔压力被减小，在低压控制油的作用下打开大流量单向阀 13，液压油通过液控大流量单向阀 13、节流阀 11、液控小流量单向阀 12 及换向阀 7 流回油箱 1。顶升横梁的提升速度由液压泵的流量决定，大约为顶升速度的两倍。

装在低压油路中的单向阀和平衡阀 9，用于控制顶升横梁的位置，并防止换向阀 7 处于中位时，液压缸 10 活塞杆滑出。

第五节　塔式起重机的安全技术要求

据《塔式起重机安全规程》（GB 5144）、《施工现场机械设备检查技术规范》（JGJ 160—2016）、《塔式起重机》（GB/T 5031）等的规定，对塔机要求如下：

一、塔式起重机必须具有国家颁发的塔式起重机生产许可证（经省级以上鉴定合格的新产品除外）。有出厂合格证、使用说明书、电气原理图及布线图、配件目录以及必要的专用随机工具等。

二、塔式起重机的尾部与周围建筑物及其外围施工设施之间的安全距离不小于 0.6m。

三、有架空输电线的场合，塔式起重机的任何部位与输电线的安全距离，应符合表 2-4 的规定。

表 2-4　塔式起重机与输电线的安全距离

电压（kV） 安全距离 m	<1	1～15	20～40	60～110	220
沿垂直方向	1.5	3.0	4.0	5.0	6.0
沿水平方向	1.0	1.5	2.0	4.0	6.0

如因条件限制不能保证表中的安全距离，应与有关部门协商，并采取安全防护措施后方可架设。

四、两台塔式起重机之间的最小架设距离应保证处于低位塔式起重机的起重臂端部与另一台塔式起重机的塔身之间至少有2m的距离；处于高位塔式起重机的最低位置的部件（吊钩升至最高点或平衡重的最低部位）与低位塔式起重机中处于最高位置部件之间的垂直距离不应小于2m。

五、塔式起重机工作环境温度为－20～40摄氏度，当风速超过6级时应停止使用。

六、混凝土基础及轨道基础必须符合说明书要求和有关规定。

七、动臂式和尚未附着的自升式塔式起重机，塔身上不得悬挂标语牌。

八、安装到设计规定的基本高度时，在空载无风状态下，塔身轴线的垂直度不大于4/1000；附着后，最高附着点以下的垂直度不大于2/1000。

九、塔式起重机在工作和非工作状态时，做到平衡重及压重在其规定位置上不位移、不脱落，平衡重块之间不得互相撞击。当使用散粒物料作平衡重时应使用平衡重箱，平衡重箱应防水，保证质量准确、稳定。

十、在塔身底部易于观察的位置应固定产品标牌，在塔式起重机司机室内易于观察的位置应设有常用操作数据的标牌或显示屏。标牌或显示屏的内容应包括幅度载荷表、主要性能参数、各起升速度挡位的起重量等。标牌或显示屏应牢固、可靠，字迹清晰、醒目。

十一、塔顶高度大于30m且高于周围建筑的塔式起重机，应在塔顶和起重臂端部安装红色障碍灯指示灯，其供电不受停电影响。

十二、附着必须符合说明书要求。

十三、塔式起重机上的安全装置：高度、变幅、回转、行走限位器、起重量和力矩的限制器等，一经调定，严禁擅自改动，塔式起重机上的所有安全装置均不可少，必须经常检查，并保证所有的安全装置完好、灵敏、可靠。动臂式塔式起重机要有幅度指示器。

安全装置只是在偶尔操作失误时，起保护作用的装置。不允许将安全装置的控制作用，当做机构的功能使用。吊重前要计算好，确保吊重作业是在起重机起重能力内才可进行。禁止使用力矩限制器、质量限制器的功能，用起吊的方法估计重物质量、估计重物幅度等操作。

十四、高强度螺栓连接按说明书要求，采用专用工具拧紧到规定力矩。

十五、塔式起重机金属结构、轨道、所有电气设备的金属外壳、金属线管、安全照明的变压器低压侧等均应可靠接地，接地电阻不大于4Ω。重复接地电阻不大于10Ω。接地装置的选择和安装应符合电气安全的有关要求。

十六、塔式起重机须有专用开关箱，严禁同一个开关箱控制其他用电设备及插座。

十七、下列三类塔式起重机，超过年限的由有资质评估机构评估合格后，方可继续使用：

1. 630kN·m以下（不含630kN·m）、出厂年限超过10年（不含10年）的塔式起重机；

2. 630～1250kN·m（不含1250kN·m）、出厂年限超过15年（不含15年）的塔式起重机；

3. 1250kN·m以上、出厂年限超过20年（不含20年）的塔式起重机。

若塔式起重机使用说明书规定的使用年限小于上述规定的，

应按使用说明书规定的使用年限。

十八、塔式起重机主要承载结构件达到以下程度须报废：

1. 塔式起重机主要承载结构件由于腐蚀或磨损而使结构的计算应力提高，当超过原计算应力的15%时应予报废。对无计算条件的，当腐蚀深度达原厚度的10%时应予报废。

2. 塔式起重机主要承载结构件如塔身、起重臂等，失去整体稳定性时应报废。如局部有损坏并可修复的，则修复后不能低于原结构的承载能力。

3. 塔式起重机的结构件及焊缝出现裂纹时，应根据受力和裂纹情况采取加强或重新施焊等措施，并在使用中定期观察其发展。对无法消除裂纹影响的应予以报废。

十九、自升式塔式起重机必须符合下列要求：

1. 自升式塔式起重机结构件标志。

塔式起重机的塔身标准节、起重臂节、拉杆、塔帽等结构件应具有可追溯出厂日期的永久性标志。同一塔式起重机的不同规格的塔身标准节应具有永久性的区分标志

2. 自升式塔式起重机在加节作业时，任一顶升循环中即使顶升油缸的活塞杆全程伸出，塔身上端面至少应比顶升套架上排导向滚轮（或滑套）中心线高60mm。

3. 自升式塔式起重机后续补充结构件

自升式塔式起重机出厂后，后续补充的结构件（塔身标准节、预埋节、基础连接件等）在使用中不应降低原塔式起重机的承载能力，且不能增加塔式起重机结构的变形。

对于顶升作业，不应降低原塔式起重机滚轮（滑道）间隙的精度、滚轮（滑道）接触重合度、踏步位置精度的级别。

二十、对所使用的起重机（购入新的、转移工地、大修出厂的以及停用一年以上的起重机）必须按规定注册、备案，取得法定单位的合格检测报告后方可使用。

对塔式起重机的使用，要严格遵守使用说明书中的有关规定。

第六节　塔式起重机安全防护装置的结构、工作原理

塔式起重机安全装置是为了防止司机误操作，或操作装置发生故障失效而设置的，见图 2-42。

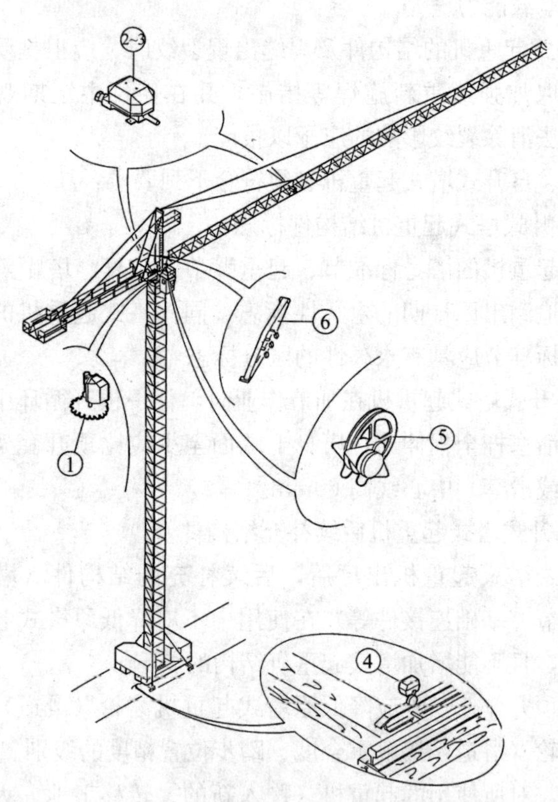

图 2-42　塔式起重机行程限位器类和载荷限制类

1—回转限位器；2、3—起升高度、幅度、限位器；

4—行走限位器；5—超载限位器；6—起重力矩限制器

安全装置分为两类，即行程限位器类（起升、回转、幅度、行走限位器）和载荷限制器类（起重力矩限制器、质量限制器）。

一、行程限位器

起升高度、幅度、回转限位器往往使用多功能限位器（图 2-43），由蜗轮、蜗杆及凸轮组成，蜗杆轴为输入轴，蜗轮轴上装有 4 个凸轮片，当涡轮转动时，带动凸轮片，控制微动限位开关断开或闭合，实现对电路的控制。

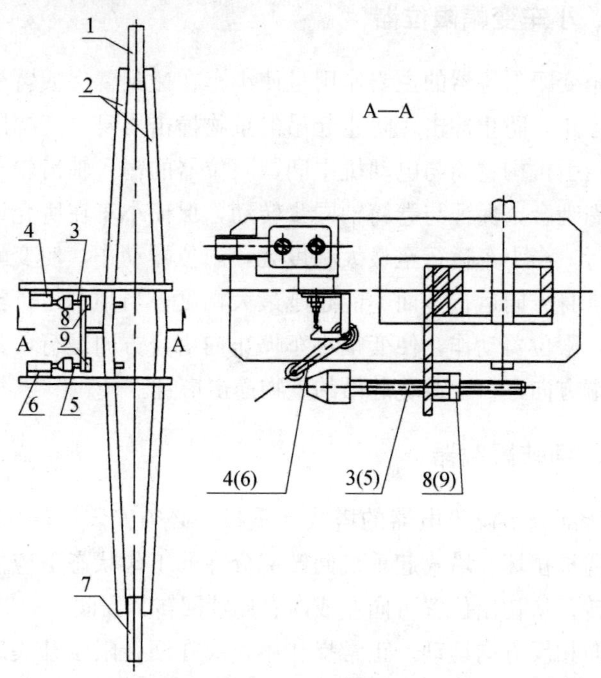

图 2-43　多功能限位器

1、7—安装块；2—弹簧板；3、5—调整螺杆；4、6—行程开关；8、9—调整螺母

二、起升高度限位器

它的作用是使吊钩起升高度不得超过塔式起重机所允许的最

大起升高度，防止吊钩上的滑轮碰吊臂，也就是防止冲顶。冲顶往往会绞断钢丝绳，吊钩掉下，造成事故。当吊钩超过额定起升高度时，限位器动作，使吊钩只能下降，而不能向上提升；使下降时吊钩在接触地面前，（确保卷筒上不少 3 圈钢丝绳时），能终止下降、触地，防止钢丝绳松脱、乱绳。高度限位器一般安装在起升机构卷筒一侧，限位器的输入轴与卷筒轴用开口销连接，保证与卷筒轴同步转动。

三、小车变幅限位器

小车变幅限位器的主要作用是使小车在碰到臂尖或臂根的缓冲器前停止，防止冲击、防止起吊的重物撞击塔身。变幅限位器安装在牵引机构卷筒与电动机中间，限位器的输入轴齿轮与圈筒上的齿圈啮合，保证与卷筒轴同步转动，保证小车在所允许的范围内运行。当小车运行至最大幅度处，限位器动作，使变幅小车只能向塔身方向运行，而不能超越最大幅度；当小车运行至最小幅度时，限位器动作，使变幅小车停止向塔身方向运行，只能向吊臂外端方向运行，避免起吊的重物撞击塔身。

四、回转限制器

回转部分不设集电器的塔式起重机，必须安装回转限位器，以防电缆被扭坏。塔式起重机回转部分在非工作状态下应能随风自由旋转，从初始位置可向左或向右连续回转 1.5 圈（540°），此后必须向相反方向运动。正常操作中，应在回转限位开关之前就停止机构运动，禁止用回转限位开关来停车。

五、行走限位

行走限位一般使用简单的行程限位开关控制，不使用多功能限位器控制。

六、起重力矩限制器

起重力矩限制器是塔式起重机必备的安全装置。塔式起重机的起重量与工作幅度的乘积是起重力矩，在使用中不允许超过额定的起重力矩，当超过时，容易造成整机倾翻。力矩限制器的用途就是检查起升和变幅的额定载荷，以防止超载，当载荷力矩达到额定时，能自动切断起升电源，发出报警信号。

起重力矩限制器主要有机械式和电子式两种，机械式不需要能量、信号转换，受温度、环境影响相对于电子式影响较小，被广泛应用。力矩弓形力矩限制器是目前塔式起重机上使用最为普遍的一种机械式力矩限制器。

七、载荷限制器

载荷限制器（也称超载超速限制器）它的作用是防止超载及高速挡超载限制两种功能。起重量限制器同样也是一个很重要的安全保护装置（图 2-44）。

载荷限制器由销轴、传感器和臂根滑轮等组成。起升钢丝绳从塔帽上的滑轮上来以后，穿过传感器下面的导绳滑轮，再引入变幅小车上的滑轮。传感器的上端，用销轴装在回转塔身顶部，下端用销轴与滑轮架连接。传感器本身是个圆环形体，里面装 2 块弓形簧片，簧片上分别装有限位开关和触动板。当起升吊物时，传感器的圆环被拉成椭圆形，带动两簧片纵向伸长，横向伸缩，触动限位开关动作，断电，只能下降，或以低速起升。

图 2-44，由两条簧板 2，两处行程开关 4、6 及调整螺杆 3、5 组成通过安装块 1、7 固接在塔顶中部前侧的弦杆上，塔式起重机工作时，塔顶发生变形，两条簧板之间的距离增大，带动调整螺杆移动，调整螺杆触及行程开关，相应力矩能够报警和切断塔式起重机起升向上和小车向外变幅的电路，起到限制力矩的保护作用。

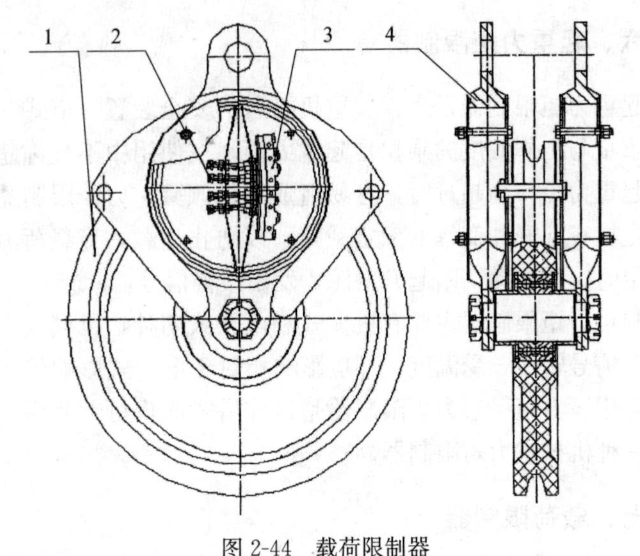

图 2-44　载荷限制器

1—滑轮；2—调整螺栓；3—微动行程开关；4—金属环

八、其他安全装置

1. 变幅小车断绳装置

小车变幅的塔式起重机，变幅的双向均应设置断绳保护装置。如果断绳时小车往臂尖行走，惯性可能使其向外溜车，重载情况下向外溜车是很危险的，起重力矩增大，如果断绳时小车往臂根行走，惯性可能使其向内溜车，撞击驾驶室等。为了防止由于小车牵引绳断裂导致小车失控而产生的撞击和超载，发生意外事故，在小车适当部位装设断绳装置，较简单和通用的一种是重锤偏心挡杆式（图 2-45）。

2. 小车断轴保护装置

小车变幅的塔式起重机，小车轴有可能由于因磨损过分，检查不及时，小车吊篮载人过多或因原材料缺陷而断裂，引起小车下坠。防断轴装置的作用是即使轮轴断裂，小车也不会掉落。防断轴装置是在小车支架的边梁上加 4 块槽形卡板，每个角用一块，每边留 5mm 的间隙。

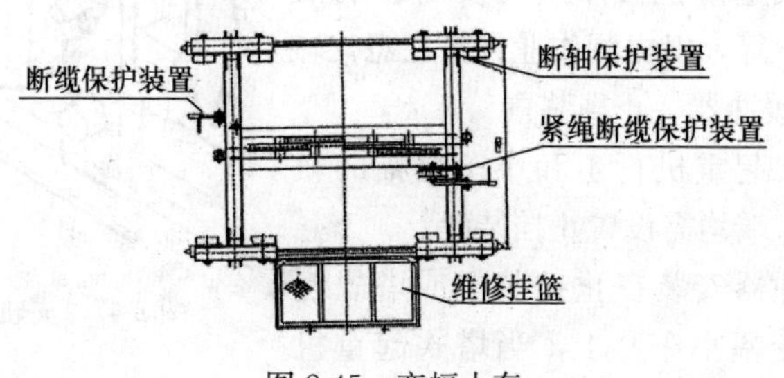

图 2-45　变幅小车

3. 钢丝绳防脱装置

滑轮、起升卷筒及动臂变幅卷筒均应设有钢丝绳防脱装置，该装置与滑轮或卷筒侧板最外缘的间隙不应超过钢丝绳直径的 20%。

4. 吊钩保险装置的作用

（1）防止物料在起吊前脱钩；（2）防止物料碰到障碍物失去平衡；（3）防止吊物在短暂放置时脱钩。防脱棘爪在吊钩负荷时不得张开，安装棘爪后，勾口尺寸减小值不得超过勾口尺寸的 10%，如图 2-46 所示。

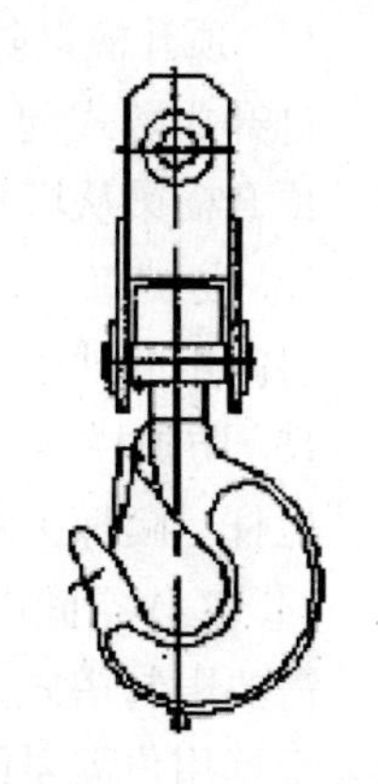

图 2-46　吊钩保险

5. 风速仪

起重臂根部铰点高度大于 50m 的塔式起重机应配备风速仪。当风速大于工作极限风速时，能发出停止作业的警报。风速仪设在塔式起重机顶部的不挡风处。

6. 障碍灯

在塔顶臂尖安装，防止飞机等误撞。

7. 夹轨器（图 2-47）

轨道式塔式起重机必须安装夹轨器，使塔式起重机在非工作状态下不能在轨道上移动。

8. 音响信号装置

塔式起重机必须安装发出音响信号的电铃等，以提醒作业人员注意。

9. 缓冲器、止挡装置

塔式起重机行走和小车变幅的轨道行程末端均需设置止挡装置。

图 2-47 夹轨器

缓冲器安装在止挡装置或塔式起重机（变幅小车）上，当塔式起重机（变幅小车）与止挡装置撞击时，缓冲器应使塔式起重机（变幅小车）较平稳地停车而不产生猛烈的冲击。

10. 清轨板

轨道式塔式起重机的台车架上应安装排障清轨板，清轨板与轨道之间的间隙不应大于 5mm。

11. 顶升横梁防脱功能

自升式塔式起重机应具有防止塔身在正常加节、降节作业时，顶升横梁从塔身支承中自行脱出的功能。

12. 防护罩

对露出的轴头、齿轮等易伤人的部位，必须安装防护罩。

13. 防护栏等

栏杆、爬梯护圈、走台板等必须符合相关规定要求。

14. 工作空间限制器

需要限制塔式起重机进入某些特定区域或躲避固定障碍物时，根据用户需要设置。

15. 防碰撞装置

防碰撞装置是两台以上塔式起重机作业时，防止交叠、干涉而设置的，可通过各类传感器而实现控制。

第七节　塔式起重机安全防护装置的调试、维护保养

一、行程限位的调整程序

1. 拆开上罩壳，检查并拧紧2-M3X55螺钉；

2. 松开M5螺母；

3. 根据需要，将被控机构开至指定位置（空载），这时控制该机构动作时对应的微动开关瞬时切换。即：调整对应的调整轴（Z）使记忆齿轮（T）压下微动开关（WK）触点。

4. 拧紧M5螺母（螺母一定要拧紧，否则将产生记忆紊乱）。

5. 机构反复空载运行数次，验证记忆位置是否准确（有误时重复上述调整）。

6. 确认位置符合要求，紧固M5螺母，装上罩壳。

7. 机构正常工作后，应经常核对记忆控制位置是否变动，以便及时修正。

二、起升高度限位器的调整方法

1. 按行程限位调整程序进行调整。

2. 调整在空载下进行，用手指分别压下微动开关（1WK、2WK），确认提升或下降的微动开关是否正确。

3. 开动起升机构，对平臂式塔式起重机，将吊钩装置升至小车架下端0.8m，对动臂变幅式塔式起重机当吊钩装置顶部升至起重臂下部的最小距离为0.8m时，调动（4Z）轴，使凸轮（4T）动作并压下微动开关（4WK）换接，拧紧M5螺母。

4. 用户根据微动开关1WK防止操作失误，使下降时吊钩在接触地面前（确保卷筒上不少3圈钢丝绳时）能终止下降运动，其调整方法同第1条。

5. 进行试运转，吊钩全行程升降三次，分别上升、下降吊钩至极限位置，验证高度限位器是否正常工作，如不灵敏应重新调整。

6. 当塔式起重机起升高度变化时，高度限位器应重新调整。

三、回转限位器调整方法

1. 调整。按行程限位调整程序一进行调整。

2. 在吊臂处于安装位置（电缆处于自由状态）时调整回转限位器。

3. 调整在空载下进行，用手指逐个压下微动开关（WK），确认控制左右的微动开关（WK）是否正确。

4. 向左回转 540°（1/2 圈），调动调整轴（4Z）使凸轮（4T）动作至使微动开关（4WK）瞬时换接，然后拧紧 M5 螺母。

5. 向左回转 1080°（3 圈），调动调整轴（1Z），使凸轮（1T）动作至微动开关（1WK）瞬时换接，并拧紧 M5 螺母，如图 2-48 所示，从端部 B 开始，向左或者向右可以旋转 3 圈。

6. 验证左右回转动作，塔式起重机向正反方向各回转三圈，回转系统应正常工作（图 2-48）。

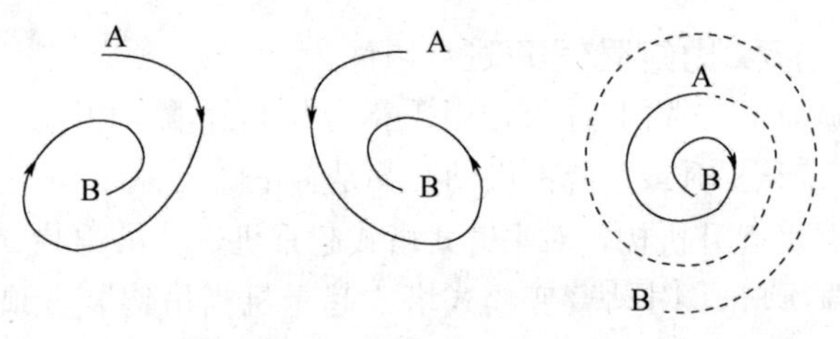

图 2-48　回转限位器调整示意图

四、幅度限位器的调整方法

1. 调整。按本章调整程序一进行调整。

2. 向外变幅及减速和臂尖极限限位。将小车开到距臂尖缓冲器1.5m处，调整轴（2Z）使记忆凸轮（2T）转至将微动开关2WD动作换接，（调整时应同时使凸轮（3T）与（2T）重叠，以避免在制动前发生减速干扰），并拧紧M5螺母，再将小车开至臂尖缓冲器200mm处，按程序调整轴（1Z）使（1T）转至将微动开关（1WK）动作，拧紧M5螺母。

3. 向内变幅及减速和臂根极限限位。调整方法同2，分别距臂根缓冲器1.5m和200mm处进行（3Z—3T—3WK　4Z—4T—4WK）减速和臂根限位和调整。

4. 验证和修正。将小车分别开到臂根、臂尖处，限位开关动作后，小车停车时距端部缓冲器距离不小于200mm，验证三次，检查是否正确。

五、行走限位器调整

行走限位器与轨道上的行程碰铁接触后，应能立即切断行走电机电源，塔式起重机停车时其端部缓冲器最小距离为1000mm，缓冲器距终端止挡最小距离为1000mm。验证三次，检查是否正确。

六、起重力矩限制器的调整

按定幅变码和定码变幅分别进行。

（一）定码变幅

1. 在最大工作幅度，以正常工作速度吊起额定的质量，当力矩限制器不应动作，正常起升。载荷落地，当加载达到额定值的110％以内时，以最慢速起升，力矩限制器动作，载荷不能起升，同时发出超载报警声。

2. 取0.7倍最大额定起重量，在相应允许最大工作幅度0.7处，重复第1项试验。

（二）定幅变码

1. 空载测定对应最大额定起重量 Q_m 的最大工作幅度 R_m、0.8R_m、1.1R_m 值，并在地面标记。

2. 在最小工作幅度处吊起最大额定的质量 Q_m，离地 1m 左右，慢速变幅到 R_m～1.1R_m 间时，力矩限制器动作，起升向上断电，小车向外变幅断电，同时发出超载报警声。

退回，重新从最小幅度开始，以正常速度向外变幅，在到达 0.8R_m 应能自动转为低速向外变幅，在到达 R_m～1.1R_m 间时，力矩限制器动作，起升向上断电，小车向外变幅断电，同时发出超载报警声。

3. 空载测定对应 0.5 倍最大额定起重量（0.5Q_m）的最大工作幅度 R0.5、0.8R0.5、1.1R0.5 值，并在地面标记。

4. 重复第 2 项试验。

以 TC5613 塔 44m 臂为例：

在靠近臂根处，吊起额定的质量，变幅到基本臂长处，当力矩达到额定值的 90%时，调整触头螺杆，使其中一个行程开关动作，司机室的预报警灯亮，以提示司机慎重操作，继续加载（或向臂尖处变幅），当达到额定值的 110%以内时，调整另一个触头螺杆 3，另一个行程开关动作，起升向上断电，小车向外变幅断电，同时发出超载报警声。以 TC5613 塔 44m 臂为例：

1. 力矩限制器的调整（钢丝绳四倍率）

吊重 2.91t，小车以 8.3m/min 开始向外变幅，调整力矩限制器中的螺杆，使幅度在 33.06～34.2m（中间值较为理想）。开回小车直至解除报警为止，小车再外往开，调整螺杆 3，使幅度在 38～40.28m 时，起升机构向上及向外断电，同时，发出超载报警声（中间值较为理想）。开回小车，直至解除报警为止，上述动作要求重复做三次，保持功能稳定。

2. 校核（四倍率）

① 最小幅度校核

吊重 6t，小车以慢速 8.3m/min 开始向外变幅，幅度为 18.18～18.81m 时，司机室内预报警灯亮，幅度在 20.9～22.15m 时，起升向上、变幅向断电，同时发出超载报警声。开回小车，直至解除报警为止。

② 中间幅度校核

吊 3.61t，小车以慢速 8.3m/min 由 23m 幅度开始向外变幅，幅度在 27.84～28.8m 时，司机室内预报警灯亮，幅度在 32～33.92m 时，起升向上、变幅外断电，同时发出超载报警声，开回小车，直至解除报警为止。

七、起重量限制器

1. 高档调整

① 吊重 $Q_{max/2}$ 的 95%，吊钩以低、高二挡速度各升降一次，不允许任何一挡产生不能升降现象。

② 再加吊重 50kg，同时调整起重量限制器开关 1。以高挡起升，若能起升，升高 10m 左右后，再下降至地面。

③ 重复②项全部动作，直至高挡不能起升为止。此时吊重应在 $Q_{max/2}$ 的 95%～$Q_{maX/2}$ 之间，接近小值较为理想。

④ 重复③项动作二次，三次所得质量应基本一致。

2. 低挡调整：（幅度不能大于 12m）

① 吊重 Q_{max} 的 95%，吊重以低挡速度升降一次，不允许产生不能升降现象。

② 再加吊重 50kg，同时调整起重量限制器开关 3，以低挡起升，若能起升时，升高 10m 左右后再下降至地面。

③ 重复②项全部动作，直至低挡不能起升为止。此时吊重应在 Q_{max}～1.03Q_{maX} 之间，接近小值较为理想。

④ 重复③项动作二次、三次所得之质量应基本一致。

注：Q_{max}表示塔式起重机的最大起重量。

上述这些安全装置要确保它的完好与灵敏可靠。塔式起重机工作环境恶劣，日晒雨淋，工作中受到的冲击、振动影响较大，安全装置的微动开关部件易老化，动作不灵活或误动作，不可靠。因此必须勤检查，勤保养，在每班作业前，应认真检查其安全限位的有效性，在使用中如发现损坏应及时报告、维修更换，不得私自解除或任意调节。

第八节　塔式起重机维护与保养的基本常识

塔式起重机在工作中，由于利用率很高，工作环境又在室外，风沙大，工作中受到弯、扭、压、剪切等多种应力的作用，钢结构及其连接件极易发生疲劳、松动、磨损等异常变化，为确保安全经济的使用塔式起重机，延长其使用寿命，必须做好塔式起重机的维护与保养，维修保养分为例行保养、月保养、定期检修、大修四项内容。

一、例行保养内容

例行保养也称每班保养，由司机负责，每天必须利用班前班后的时间停机，对机械认真地做一次例行保养，作业项目及要求见表 2-5，以清洁、润滑、调整、防腐、紧固“十字”作业为主要内容。

1. 保持整机各部清洁，及时打扫。

2. 按使用说明书规定，经常检查各减速器油量，对相应部位按周期用润滑剂做好润滑。

3. 检查、调整各制动器效能、间隙，必须保证可靠的灵敏度。

4. 对塔式起重机的结构件焊缝经常进行检查，发现开焊及时采取措施。

5. 检查各螺栓连接处，尤其是标准节连接螺栓，当每使用一段时间后，要重新进行紧固。

二、例行保养作业项目及要求

表 2-5　例行保养作业项目及要求

序号	作业项目	要求及说明
1	检查接地装置	检查两钢轨之间的接地连接线与钢轨应接触良好，埋入地下的接地装置和导线连接处无折断松动
2	检查行走限位开关和止挡	行走限位开关无损伤，固定牢靠，轨道两端止挡完好无位移
3	检查行走电缆及卷筒装置，排除行走轨道及轮行程中的障碍物	电缆应无露铜和断丝，清除拖拉电缆沿途存在的钢筋、铁丝等有损电缆胶皮的障碍物，电缆卷筒收放转动正常、无卡阻现象
4	检查塔身是否带电	塔式起重机三相五线制中的零线应接地良好，用试电笔检查塔身金属结构，如带电应及时排除
5	检查行走、起重、回转，变幅机构的电机、变速箱、制动器、联轴器、安全罩的连接紧固螺丝有无松动	各机构的底脚螺丝、连接紧固螺丝、轴瓦固定螺钉不得松动，否则应及时紧固，更换添补损坏丢失的螺丝
6	检查各齿轮箱油量、油质不足时添加，按润滑表规定周期加注各润滑点油脂	检查行走起重、回转、变幅齿轮箱及液力推杆器、液力联轴器的油量，不足要及时添加至规定液面，润滑油可提前更换。按润滑表规定周期更换齿轮油，加注润滑脂

续表

序号	作业项目	要求及说明
7	检查起重机制动器及钢丝绳情况	清除制动器闸瓦（盘）油污，制动器各连接紧固件无松动，制动瓦（盘）间隙适当，带负荷制动有效，否则应紧固调整。卷筒端绳卡头紧固牢靠无损伤，滑轮转动灵活不脱槽、啃绳。钢丝绳无影响使用的缺陷，卷筒钢绳排列整齐不错乱压绳
8	测试供电电压	观察仪表盘电压表指示值是否合乎规定要求，如电压过低或过高（一般不超过额定电压的±5%）应停机检查，待电压正常后再工作
9	试运转，监听各传动机构有无异响	试运中，注意监听起重、行走、回转，变幅等机械的传动机构应无不正常的异响和过大的噪声与碰撞现象，应无异常的冲击和振动，否则应停机检查，排除故障
10	运行中试验各安全装置的可靠性	注意检查超重限位器、力矩限制器、变幅限位器、吊钩高度限位器、行走限位器等安全装置应灵敏有效，否则应及时报修排除
11	班后清洁塔式起重机，锁好电闸箱	清洁驾驶室及操作台灰尘，所有操作手柄均放在零位，拉下照明及室内外设备的分支闸刀开关，总开关箱应加锁，关好窗，锁好门。清洁电机、减速箱及传动机构外部附有的灰尘、油污
12	检查夹轨器性能，停用后与轨道锁紧	夹轨器爪与钢轨紧贴无间隙和松动，丝杠、销轴、销孔无弯曲、开裂，否则应报修排除

发现任何缺陷均应向相关人员报告，查明原因，对缺陷进行分级，并将结果记入设备档案（包括维修日期、处理方法）。

三、月检查保养

每月进行一次，由司机电工、维修工、有经验的技师进行，具体作业项目及要求见表2-6。

表 2-6　月检查保养作业项目及要求

序号	作业项目	要求及说明
1	进行例行保养全部作	按例行保养要求进行
2	测量基础接地电阻	地线连接应牢固可靠，导电良好，用摇表测量电阻，电阻数值不应超过 4Ω
3	检查各绕线式电机滑环及炭刷，清除灰尘及污垢	用“皮老虎”或压缩空气吹除电机滑环架及铜头灰尘，检查炭刷应接触均匀，弹簧压力松紧适宜（一般为 0.2kg/cm^2）如炭刷磨损超过 1/2 时应更换炭刷
4	检查各电气元件触点，清洁配电箱、电阻器（片）及各电气元件脏物及灰尘	检查各控制器、接触器的触点应无接触不良或烧伤损坏，各线路接线、端子应紧固无松动，清除各电器元件内外灰尘
5	检查中心集电环、电缆收放集电环的接触情况，清除内部灰尘及金属粉末	集电环接触良好，无烧伤损坏，电刷接触均匀，弹簧压力松紧适宜，必要时更换炭刷及弹簧
6	检查塔式起重机各电机接零和电气设备的胶质线	各电机接零紧固无松动，照明及各电气设备用胶质线应无露铜、断丝现象，否则应更换
7	检查调整轨道的轨距，平直度及两轨水平面	两轨距偏差不超过 3mm，纵向坡度不大于 1/1000，两轨面高差不超过 4mm，枕木与钢轨之间应紧贴无下陷空隙，钢轨接头鱼尾板的连接螺丝齐全紧固，螺栓合乎规定要求
8	检查钢丝绳及绳卡头螺栓	起重、变幅、平衡臂、拉索，小车牵引等钢绳两端的卡头无损伤及松动，固定牢靠。检查钢丝绳有无断丝变形，钢绳在一扣距内断丝超过 10%，直径减少 7%应更换
9	检查紧固金属结构件、回转支承连接螺栓	用专用扳手等检查、紧固塔身，底座，大臂及各节连接斜拉撑、回转支承的螺栓应紧固无松动，更换损坏螺栓，增补缺少的螺栓

续表

序号	作业项目	要求及说明
10	润滑塔式起重机滑轮和钢丝绳，调整张紧滑轮、皮带轮、链轮松紧度	润滑起重、变幅、回转、小车牵引、电缆收放卷筒等钢绳穿绕的动滑轮、定滑轮、张紧滑轮、导向滑轮，每两个月用钢绳润滑脂浸涂钢丝绳表面
11	吊钩及保险及其他安全装置	吊钩及保险有无可见变形、裂纹、磨损。其他安全装置灵敏可靠
12	检查基础、附着情况	状态变动情况
	检查液压元件及管路，排除渗漏	检查液压泵、操作阀，平衡阀及管路，如有渗漏应排除，压力表损坏应更换。清洗液压滤清器，每两年更换液压油

发现任何缺陷均应向相关人员报告，查明原因，并对缺陷进行分级。并将结果记入设备档案（包括维修日期、处理方法）。

建筑起重信号工是指在起重作业中，负责发出各种起重信号指令的作业人员。

建筑起重司索工是指在起重作业中，从事对物体进行绑扎、挂钩摘钩卸载等作业人员。

第三章 常用起重机械

起重吊装就是把所要安装的构件或设备，从地面起吊（或推举）到空中，再放到构件或设备预定安装的位置上的过程。

随着建筑施工机械化水平的提高，建筑起重机械在起重吊装工程中作为主要施工机具而得到了广泛应用，识别判断常用起重机具，了解常用起重机械的分类与主要技术参数成为起重信号工和起重司索工必备的基本知识。

第一节 起重机械的分类

在工业和民用建筑工程中，起重机械是一种能同时完成垂直升降和水平移动的机械，它主要用来吊装工业和民用建筑的构件，进行设备安装和吊运各种建筑材料，在减轻劳动强度、提高生产效率、降低建筑成本、加快建设速度等方面起着极为重要的作用。

起重机械主要按用途和构造特征进行分类。按主要用途分，有通用起重机械、建筑起重机械、冶金起重机械、港口起重机械、铁路起重机械和造船起重机械等。按构造特征分，有桥式起重机械和臂架式起重机械；旋转式起重机械和非旋转式起重机械；固定式起重机械和运行式起重机械。

第二节 起重机械的基本参数

起重机械的技术参数是其性能特征和技术经济指标重要表

征，是进行起重机的设计和选型的主要技术依据。

起重机的主要技术性能参数包括额定起重量、起重力矩、起升高度、幅度、工作速度、起重机总重等。对于建筑施工用起重机械，起重力矩是它的综合的起重能力参数，它全面反映了起重机的起重能力。

一、额定起重量

起重机允许吊起的重物或物料的最大质量称为起重机的额定起重量。

起重机的取物装置本身的质量（除吊钩组以外），一般应包括在额定起重量之中。如抓斗、起重电磁铁、挂梁、翻钢机以及各种辅助吊具的质量。

对于幅度可变的起重机，根据幅度规定起重机械的额定起重量。

二、起重力矩

起重量与幅度的乘积称为起重力矩。

额定起重力矩是指额定起重量与幅度的乘积。

三、起升高度

起重机的起升高度是指吊具的最高工作位置与起重机的水准地平面之间的垂直距离，如图 3-1 所示起重机的起升高度 H。

起升范围是指起重机吊具最高和最低工作位置之间的垂直距离，如图 3-1 所示起重机的起升范围 D。

起重机吊具的最低工作位置与起重机水准地平面之间的垂直距离称起重机的下降深度 h，如图 3-1 所示。

对起重高度和下降深度的测量，以吊钩钩腔中心作为测量基准点。

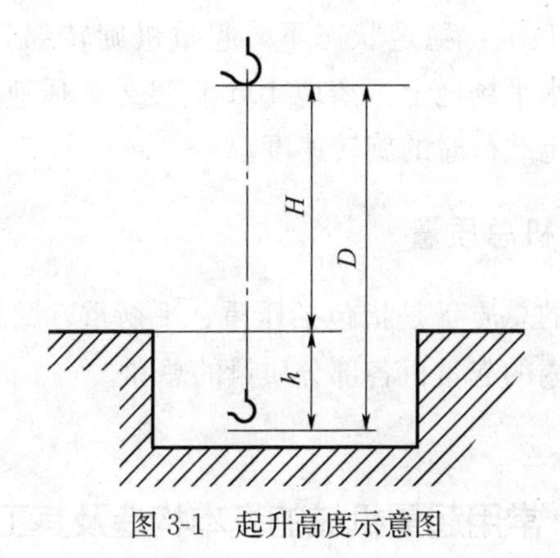

图 3-1 起升高度示意图

四、幅度

起重机械的工作幅度是指当起重机置于水平场地时，空载吊具垂直中心线至回转中心线之间的水平距离。

最大幅度是指起重机工作时，臂架倾角最小或变幅小车在臂架最外极限位置时的幅度。

最小幅度是指起重机工作时，臂架倾角最大或变幅小车在臂架最内极限位置时的幅度。

五、工作速度

1. 额定起升速度：是指起升机构电动机在额定转速时吊钩的上升速度（m/min）。

2. 变幅速度 U：在稳定状态下，额定载荷在变幅平面内水平位移的平均速度。规定为离地平面 10m 高度处，风速小于 3m/s 时，起重机在水平地面上，幅度从最大值至最小值的平均速度（m/min）。

3. 起重臂伸缩速度：起重臂伸出（或回缩）时，其尖部沿臂架纵向中心线移动的速度（m/min）。

4. 回转速度 ω：稳定状态下，起重机旋转部分的回转角速度。规定为在水平场地上，离地10m高度处，风速小于3m/s时的起重机带额定载荷时的旋转速度。

六、起重机总质量

起重机械的总质量是指包括压重、平衡重、燃料、油液、润滑剂和水等在内的起重机各部分质量的总和。

第三节 常用起重机械的基本构造及其工作原理

不论结构简单还是复杂的起重机械，都是由三大部分组成，即起重机械金属结构、机构和电气控制系统。

一、起重机械的金属结构

起重机械的金属结构一般是由金属材料轧制的型钢和钢板作为基本构件，采用铆接、焊接等方法，根据需要制作成梁、柱、桁架等基本受力组件，再把这些组件按照一定的结构组成规则通过焊接或螺栓连接起来，构成起重机用的桥架、门架、塔架等承载结构。

起重机械钢结构作为起重机的主要组成部分之一，其作用主要是支承各种载荷，因此本身必须具有足够的强度、刚度和稳定性。

几种典型起重机钢结构的组成与特点：

（一）通用桥式起重机的钢结构

通用桥式起重机的钢结构是指桥式起重机的桥架而言，桥式起重机的钢结构（桥架）主要由主梁、端梁、栏杆、走台、轨道和司机室等构件组成。其中主梁和端梁为主要受力构件，其他为非受力构件。主梁与端梁之间采用焊接或螺栓连接。端梁多采用钢板组焊成箱形结构，主梁断面结构形式多种多样，常用的多为箱形断面梁或桁架式结构主梁。

（二）门式起重机的钢结构

门式起重机的钢结构是指门式起重机的门架而言，其钢结构主要由马鞍、主梁、支腿、下横梁和悬臂梁等部分组成，以上五部分均为受力构件。为便于生产制作、运输与安装，各构件之间多采用螺栓连接。

（三）塔式起重机的钢结构

塔式起重机的钢结构是指塔式起重机的塔架而言，如图 3-2 所示为塔式起重机的典型产品——自升式塔式起重机的钢结构。

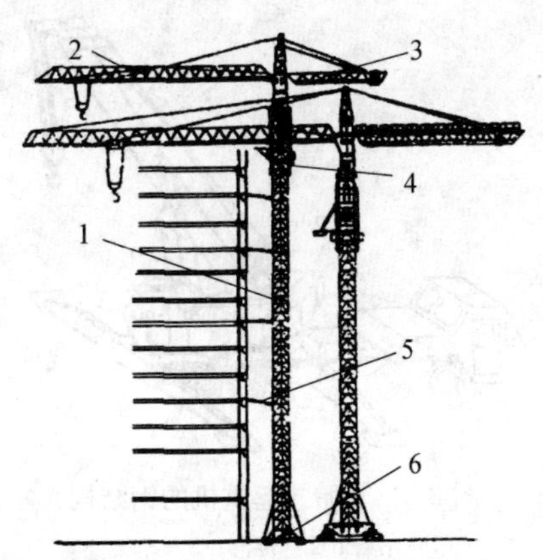

图 3-2　自升塔式起重机的钢结构

自升式塔式起重机的塔架是由塔身 1、臂架 2、平衡臂 3、爬升套架 4、附着装置 5 及底架 6 等构件组成，其中塔身、臂架和底座是主要受力构件，臂架和平衡臂与塔身之间是通过销轴连接，塔身与底架之间是通过螺杆连接固定。

自升式塔式起重机属于上回转自升附着型结构形式。其塔身是由角钢组焊而成截面为正方形的桁架式结构，臂架由角钢或圆管组焊而成，可承受弯矩。

（四）轮胎式起重机的钢结构

轮胎式起重机的钢结构主要由吊臂、转台和车架三部分构件组成，如图 3-3 所示。其中吊臂的结构形式分为桁架式和伸缩臂式，伸缩臂式吊臂为箱形结构，由钢板组焊而成，桁架式吊臂是由型钢或钢管组焊而成。伸缩臂吊臂是轮胎式起重机的主要受力构件，它直接影响起重机的承载能力、整机稳定性和自重的大小。

轮胎式起重机的转台分为平面框式和板式两种结构形式，都是由钢板和型钢组合焊接而成。转台用来安装吊臂、起升机构、变幅机构、旋转机构、配重、发动机和司机室等。

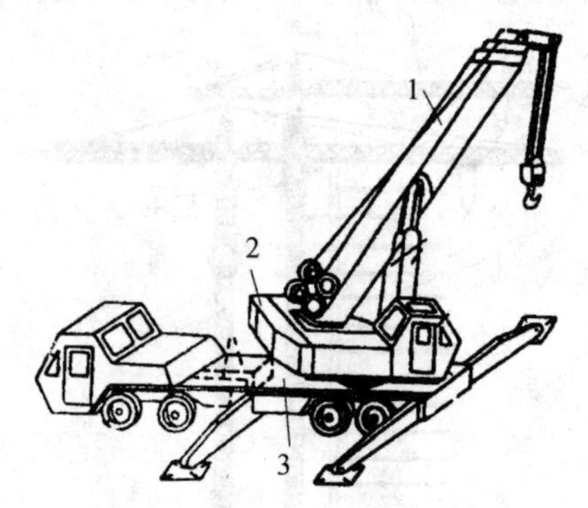

图 3-3　轮胎式起重机的钢结构

1—吊臂；2—转台；3—车架

轮胎式起重机的车架又称为底架，主要用来安装底盘与运行部分。底架按结构形式分为平面框式和整体箱形。

二、起重机的机构

起重机械为满足起重运输作业的需要做升降、移动、旋转、变幅、爬升及伸缩等动作，能使起重机完成这些动作的传动系统，统称为起重机的机构。

起重机械最基本的机构，是人们早已公认的四大基本机构——起升机构、运行机构、旋转机构（又称为回转机构）和变幅机构。除此之外，还有一些辅助机构。例如：塔式起重机的塔身爬升机构和汽车、轮胎式起重机专用的支腿伸缩机构。

起重机械的每个组成机构均由四种装置组成，即驱动装置、制动装置、传动装置以及执行装置。其中执行装置是与动作相关的，例如起升机构的取物缠绕装置、运行机构的车轮装置、回转机构的旋转支承装置和变幅机构的变幅装置等。

驱动装置分为人力、机械和液压驱动装置。手动起重机是依靠人力直接驱动；机械驱动装置是由电动机或内燃机驱动；液压驱动装置是由液压泵和液压油缸或液压马达驱动。

制动装置是指制动器，不同类型的起重机械根据各自的特点与需要，采用块式、盘式、带式、内张蹄式和锥式等不同形式的制动器。

传动装置是指减速器，起重机械中常用的传动形式有齿轮式、蜗轮蜗杆式、行星齿轮式等。

下面分别举例说明这四种专用装置。

1. 起重机械的起升机构

起重机械的起升机构由驱动装置、制动装置、传动装置和取物缠绕装置组成。

起升机构的驱动装置主要有电动机、内燃机、液压泵或液压马达等，如葫芦式起重机驱动装置多采用鼠笼电动机，履带起重机的起升机构驱动装置为内燃机，汽车、轮胎起重机的起升机构的驱动装置是由液压泵、液压油缸或液压马达。

2. 起重机械的运行机构

起重机械的运行机构按运行方式分：可分为轨行式运行机构和无轨行式运行机构（轮胎、履带式运行机构）；按驱动方式分：

分为集中驱动和分别驱动两种形式。

集中驱动是由一台电动机通过传动轴驱动两边车轮转动运行的运行机构形式，集中驱动只适合小跨度的起重机或起重小车的运行机构。

分别驱动是两边车轮分别由两套独立的无机械联系的驱动装置的运行机构形式。

3. 起重机的旋转机构

起重机的回转机构是由驱动装置、制动装置、传动装置和回转支承装置组成。

回转支承装置分为柱式和转盘式两大类。

柱式回转支承装置又分为定柱式回转支承装置和转柱式回转支承装置。定柱式回转支承装置是由一个推力轴承与一个自位径向轴承及上下支座组成。浮式起重机多采用定柱式回转支承装置；转柱式回转支承装置是由滚轮、转柱、上下支承座及调位推力轴承、径向球面轴承等组成。塔式、门座起重机多采用转柱式回转支承装置。

转盘式回转支承装置又分为辊子夹套式回转支承装置和滚动轴承式回转支承装置。辊子夹套式回转支承装置是由转盘、锥形或圆柱形辊子、轨道及中心轴等组成；滚动轴承式回转支承装置是由球形滚动体、回转座圈和固定座圈组成。

回转驱动装置分为电动回转驱动装置和液压回转驱动装置。

电动回转驱动装置通常装在起重机的回转部分上，由电动机经过减速机带动最后一级开式小齿轮，小齿轮与装在起重机固定部分上的大齿圈（或针齿圈）相啮合，以实现起重机的回转，电动回转驱动装置有卧式电动机与蜗轮减速器传动、立式电动机与立式圆柱齿轮减速器传动和立式电动机与行星减速器传动三种形式。

液压回转驱动装置有高速液压马达和低速大扭矩液压马达回转机构两种形式。

4. 起重机械的变幅机构

起重机变幅机构按工作性质分为非工作性变幅（空载）和工作性变幅（有载）；按机构运动分为牵引小车式变幅和臂架摆动式变幅。

汽车、轮胎、履带、铁路和桅杆起重机的变幅机构常为臂架摆动式；塔式起重机的变幅机构为牵引小车式。

三、起重机械的电气控制系统

起重机械的电气控制系统的作用是实现平稳、准确、安全可靠的动作。

1. 起重机电气传动

起重机对电气传动的要求有：调速、平稳或快速启制动、纠偏、保持同步、机构间的动作协调、吊重止摆等。其中调速常作为重要要求。

由于起重机调速绝大多数需在运行过程中进行，而且变化次数较多，故机械变速一般不太合适，大多数需采用电气调速。

电气调速分为两大类：直流调速和交流调速。

直流调速有以下三种方案：固定电压供电的直流串激电动机——改变外串电阻和接法的直流调速；可控电压供电的直流发电机——电动机的直流调速；可控电压供电的晶闸管供电——直流电动机系统的直流调速。直流调速具有过载能力大、调速比大、启制动性能好、适合频繁启制动、事故率低等优点。缺点是系统结构复杂、价格昂贵、需要直流电源等。

交流调速分为三大类：变频、变极、变转差率。

变频调速技术目前已大量地应用到起重机的无级调速作业当中，电子变压变频调速系统的主体——变频器已有系列产品供货。

变极调速目前主要应用在葫芦式起重机的鼠笼型双绕组变极

电动机上，采用改变电机极对数来实现调速。

变转差率调速方式较多，如改变绕线异步电动机外串电阻法、转子晶闸管脉冲调速法等。

除了上述调速方式以外还有双电机调速、液力推动器调速、动力制动调速、转子脉冲调速、涡流制动器调速、定子调压调速等。

2. 起重机的自动控制。

可编程序控制器——程序控制装置一般由电子数字控制系统组成，其程序自动控制功能主要由可编程序控制器来实现。

自动定位装置——起重机的自动定位一般是根据被控对象的使用环境、精度要求来确定装置的结构形式。自动定位装置通常使用各种检测元件与继电接触器或可编程序控制器通过相互配合达到自动定位的目的。

大车运行机构的纠偏和电气同步——纠偏分为人为纠偏和自动纠偏。人为纠偏是当偏斜超过一定值后，偏斜信号发生器发出信号，司机断开超前支腿侧的电机，接通滞后支腿侧的电机进行调整。自动纠偏是当偏斜超过一定值时，纠偏指令发生器发出指令，系统进行自动纠偏。电气同步发生在交流传动中，常采用带有均衡电机的电轴系统，以实现电气同步。

地面操纵、有线与无线遥控——地面操纵多被葫芦式起重机采用；其关键部件是手动按钮开关，即通常所称的手电门。有线遥控是通过专用的电缆或动力线作为载波体，对信号用调制解调的传输方式，达到只用少通道即可实现控制的方法。无线遥控是利用当代电子技术，将信息以电波或光波为通道形式传输达到控制的目的。

起重电磁铁及其控制——起重电磁铁的电路，主要是提供电磁铁的直流电源及完成控制（吸料、放料）要求。其工作方式分为：定电压控制方式和可调电压控制方式。

3. 起重机的电源引入装置

起重机的电源引入装置分为三类：硬滑线供电、软电缆供电和滑环集电器供电。

硬滑线电源引入装置由裸角钢平面集电器、圆钢（或铜）滑轮集电器和内藏式滑触线集电器进行电源引入。

软电缆供电的电源引入装置是采用带有绝缘护套的多芯软电线制成的，软电缆有圆电缆和扁电缆两种形式，它们通过吊挂的供电跑车引入电源。

第四章　物体的质量、重心、稳定性

建筑起重信号司索工必须要熟悉物体的质量和重心的计算、物体的稳定性等知识，具有对常见基本形状物体质量进行估算的能力。

第一节　物体的质量与重心

一、基本概念

1. 重力和质量

在地球附近的物体，都受到地球对它垂直向下（指向地心）的作用力，这种作用力叫做重力。而重力的大小则称为该物体的质量。

2. 重心

由于地球的引力，物体内部各质点都要受到重力的作用，各质点重力的合力作用点，就是物体的重心位置。物体重心的位置是固定的，不会因安放的角度、位置不同而改变。

二、物体重心的确定方法

1. 对于几何形状比较简单，材质分布均匀的物体，重心就是该物体的几何中心。如球形的重心即为球心，矩形薄板的重心在它对角线的交点上，长方体的重心在中间截面长方形的对角线交点上，三角形薄板的重心在它的三条中线的交点上，圆柱体的重心在轴线的中点上，平行四边形的重心在对角线的交点上等。

2. 对于形状比较复杂、但材质均匀分布的物体的重心位置，可通过计算求出。可以把它分解为若干个简单几何体，确定各个部分的质量及重心的位置坐标，然后用力矩平衡方法计算整个物体的重心位置。

三、物体质量的计算

物体的质量是由物体的体积和它本身的材料密度所决定的。物体的质量等于构成该物体材料的密度与物体体积的乘积，其表达式为：

$$G=1000\rho Vg\ (\mathrm{N})$$

式中　ρ——物体材料密度（t/m^3）；

V——物体体积（m^3），

g——重力加速度，取 $g=9.8m/s^2$；

G——物体的质量（t）。

为了正确地计算物体的质量，必须掌握物体体积的计算方法和各种材料密度等有关知识。

1. 材料的密度 ρ

计算物体的质量时，必须知道物体材料的密度。所谓密度就是指某种物质材料的单位体积所具有的质量，常用材料的密度可通过查密度表得到。水的密度为 $1t/m^3$。

2. 物体体积的计算

物体的体积大体可分两类：即具有标准几何形体的和若干规则几何体组成的复杂形体两种。对于简单规则的几何形体的体积计算可直接由计算公式算出；对于复杂形状的物体体积，可将其分解成数个规则的或近似的几何形体，通过相应计算公式计算并求其体积的总和。

第二节　物体质量的估算

一、钢板质量的估算

在估算钢板的质量时，只需记住每平方米钢板 1mm 厚时的质量为 7.8kg，就可方便地进行计算，其具体估算步骤如下：

1. 先估算出钢板的面积。

2. 再将估算出钢板的面积乘以 7.8kg，得到该钢板每毫米厚的质量。

3. 然后再乘以该钢板的厚度，得到该钢板的质量。

例：求长 5m，宽 2m，厚 10mm 的钢板质量。

解：（1）该钢板的面积为：

$5\times2=10$（m^2）

（2）钢板每毫米厚的质量为：

$10\times7.8=78$（kg）

（3）10mm 厚钢板的质量为：

$78\times10=780$（kg）

二、钢管质量的估算

钢管质量的估算方法如下：

1. 先求每米长的钢管质量：

公式为：$m_1=2.46\times$钢管壁厚$\times$（钢管外径$-$钢管壁厚），

式中　m_1——每米长钢管的质量（kg）；

钢管外径及壁厚的单位：厘米（cm）。

2. 再求钢管全长的质量。

例：求一根长 5m，外径为 100mm，壁厚为 10mm 的钢管质量。

解：100mm＝10cm；10mm＝1cm。

（1）每米长钢管质量为：

$m_1 = 2.46 \times 1 \times (10-1)$

$= 2.46 \times 9$

$= 22.14$（kg）

（2）5m 长的钢管质量为：

$m = 5 \times m_1$

$= 5 \times 22.14$

$= 110.7$（kg）

三、圆钢质量的估算

圆钢质量的估算步骤如下：

1. 每米长圆钢质量估算公式：

$m_1 = 0.6123d^2$

式中　m_1——每米长圆钢质量（kg）；

d——圆钢直径（cm）。

2. 用每米长圆钢质量乘以圆钢长度，得出圆钢的总质量。

例：试求一根长 6m，直径为 10cm 的圆钢质量。

解：（1）每米长圆钢质量为：

$m_1 = 0.6123 \times 10^2$

$= 61.23$（kg）

（2）6m 长圆钢质量为：

$M = 6 \times m_1$

$= 6 \times 61.23$

$= 367.38$（kg）

四、等边角钢质量的估算

步骤如下：

1. 每米长等边角钢质量的估算公式为：

$$m_1 = 1.5 \times \text{角钢边长} \times \text{角钢厚度}$$

式中　m_1——每米长等边角钢的质量（kg）。

角钢边长及壁厚的单位均为厘米（cm）。

2. 用每米长角钢质量乘以角钢长度得出角钢的总质量。

例：求5m长，50×50×6（mm）等边角钢的质量。

解：边长50mm=5cm；

厚度6mm=0.6cm。

（1）每米长等边角钢质量

$m_1 = 1.5 \times 5 \times 0.6$

$= 4.5$（kg）

（2）5m长等边角钢质量

$m = 5 \times m_1$

$= 5 \times 4.5$

$= 22.5$（kg）

第三节　物体的稳定性

物体的稳定性是指其抵抗倾覆的能力。下面以塔式起重机为例介绍物体的稳定性基本知识。

一、稳定系数

塔式起重机的稳定性，通常用稳定系数来表示。所谓稳定系数就是指塔式起重机所有抵抗倾覆的作用力（包括车身自重、平衡重）对塔式起重机倾翻轮缘的力矩，与所有倾翻外力（包括风力、重物、工作惯性力）对塔式起重机倾翻轮缘力矩的比。

二、影响稳定性的因素

1. 风力

虽然在起重机械的设计时考虑了风力作用，但由于六级以上大风对稳定性不利，因此操作规程规定遇有六级以上大风时不准操作。

2. 轨道坡度

塔式起重机的操作规程中对轨道坡度的严格要求也是从稳定性出发的，因为坡度大了，车身自重及平衡重的重心便会移向重物一方，从而减小稳定力矩，另外因塔身倾斜吊钩远离塔机重心从而加大了倾翻力矩。这样就使稳定系数变小了，增加了塔式起重机翻车的危险性，所以要求司机经常检查轨道坡度。

3. 超载

塔式起重机操作规程中明确规定严禁超载，一方面是考虑起重机本身结构安全，另一方面是考虑稳定性的需要。因为吊重愈大，产生的倾翻力矩也愈大，很容易使起重机倾覆。从大量的倒塔事故分析来看，造成倒塔的原因中，超载使用是最主要的原因。

4. 斜吊重物

塔式起重机的正确操作应该是垂直起吊，因为斜吊重物等于加大了起重力矩，即增大了倾翻力矩，斜度愈大，力臂愈大，倾翻力矩愈大，稳定系数就愈小，因此操作规程规定不许斜吊重物。

5. 平衡重

塔式起重机的平衡重是通过计算选定的，不能随意增减。减少平衡重等于减少了稳定力矩，对稳定性不利，增加平衡重也会因增加金属结构和运行机构的负担，不利于塔式起重机的正常工作。如果平衡重过大，空载时就有向后倾翻的危险。

第五章　起重吊点

建筑起重信号司索工要胜任准备吊具、捆绑挂钩等任务，就必须要学会合理地选择吊点，并掌握对吊物进行绑扎、吊装等基本知识。

第一节　起重吊点的选择

在结构吊装或设备吊装中，吊点的选择很重要。为使索具、钢丝绳的受力分配合理，必须选择好重物的重心位置，否则起吊后由于钢丝绳受力不均或重物失去平衡，就可能会使设备或构件倾斜以致造成安全事故。

选择构件吊点应注意以下几点：

1. 采用一个吊点起吊时，吊点必须选择在构件重心以上，必须使吊点与构件重心的连接与构件的横截面垂直。

2. 采用多个吊点起吊时，应使各吊点吊索拉力的合力作用点在构件的重心以上。必须正确地确定各吊索长度，使各吊索的汇交点（吊钩位置）与构件重心的连线，与构件的支座面垂直。

3. 柱吊点，一般小型、中型柱可选择一个吊点；重型柱或配肋少的长柱，可选择两个或两个以上吊点；有牛腿的柱，可在牛腿下选择吊点；工字形柱，吊点应选在矩形截面处。

4. 吊车梁的吊点应对称选择，以便于起吊和保持梁吊起时呈水平状。

5. 屋架的吊点，应靠近节点选择，吊点的数量依据屋架跨度确定，各点吊索的合力作用点必须在屋架重心以上。

6. 天窗架的吊点，6m 跨的可选择 2 个吊点，9m 跨的选 4 个吊点。

7. 屋面板和空心板，一般设有吊环，若采用兜索时，要对称选择，使板起吊后保持水平。

第二节　物体的常见绑扎方法

在起重吊装中物体的常见捆绑方法主要有死结捆绑法、背扣捆绑法、抬缸式捆绑法、兜捆法等。下面分别进行介绍：

1. 死结捆绑法　死结捆绑法简单，应用较广，其要点是绑绳必须与物体扣紧，不准有空隙。如图 5-1 所示。

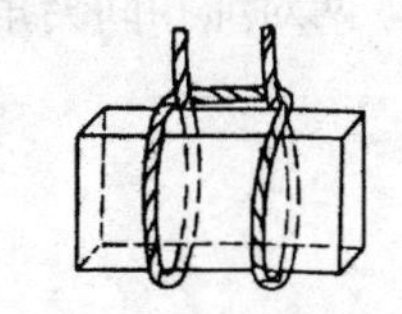

图 5-1　死结捆绑法

2. 背扣捆绑法　此捆绑法可用于垂直吊运和水平吊运物体，根据安装和实际需要多用于捆绑和起吊圆木、管子、钢筋等物件。如图 5-2 所示。

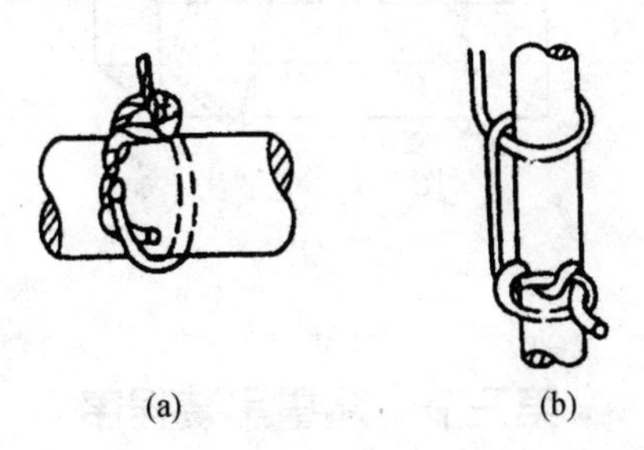

图 5-2　背扣捆绑法

(a) 水平吊运背扣捆绑法；(b) 垂直吊运背扣捆绑法

3. 抬缸式捆绑法　抬缸式捆绑法适用于捆绑圆筒形物体。如图 5-3 所示。

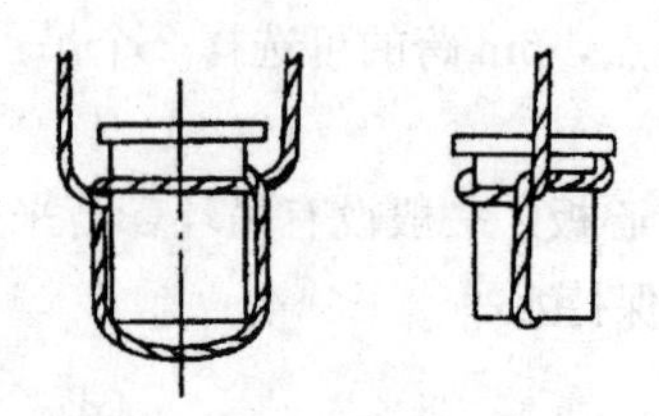

图 5-3　抬缸式捆绑法

4. 兜捆法　此捆绑法通常用一对绳扣来兜捆，其方法非常简单实用，对于吊装大型和比较复杂的物件非常方便，见图 5-4。但是一定要切记：为防止其水平分力过大而使绳扣滑脱而发生危险，两对绳扣间夹角不宜过大。

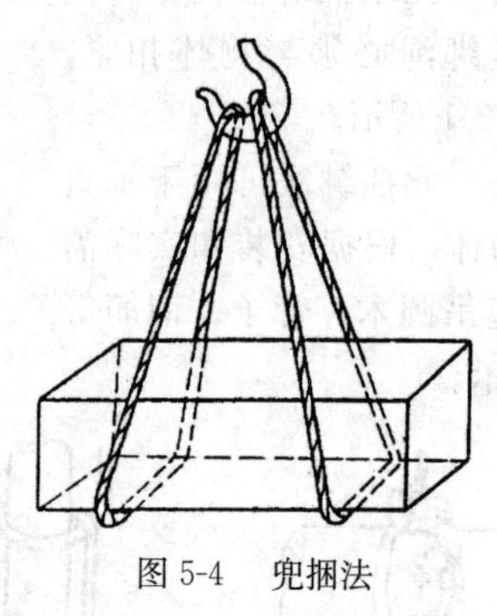

图 5-4　兜捆法

第三节　起重吊装程序

起重工作是一项技术性强、危险性大、多工种人员互相配合、互相协调、精心组织、统一指挥的特殊工种作业，所以在进行吊装作业前必须由施工方技术负责人编制专项施工组织设计，所有施工准备工作应按施工组织设计要求进行。

一、吊装前准备工作

1. 索具及材料准备

根据施工方案的要求，准备吊装所需的索具形式及规格，包括绳索、吊具、垫铁、垫木、螺栓等。

2. 构件检查

包括检查构件外形尺寸，有无变形，混凝土强度数据资料，柱、梁等是否已弹出安装基准线，安装支撑是否配套，螺栓及孔距是否正确等。

3. 环境检查

包括查看道路是否平整坚实，架空线路、脚手架等是否影响起重机回转作业，焊接电源、焊机是否满足要求等。

4. 编制起重吊装方案

根据作业现场的环境，重物吊运路线及吊运指定位置和起重物质量、重心、重物状况、重物降落点、起重物吊点是否平衡，配备起重设备是否满足需要，进行分析计算，正确制订起重方案，以达到安全起吊和就位的目的。

二、构件吊装的一般程序

进行构件的起重吊装一般经过如下几个程序：

1. 起吊就位：使用起重机将堆放在地面上的构件起吊到设计位置进行安装。起吊中保证构件在空中起落和旋转都要平稳（可采用在起吊构件上拴溜绳加以控制），就位时，用目测或用线锤对构件的平面位置及垂直度进行初校正。

2. 临时固定：临时固定的方法要便于校正并保证在校正中构件不致倾倒。主要是构件就位后，要先进行临时固定，以便摘去吊钩，吊装下一个构件。

3. 校正：按照安装规范和设计标准对构件的平面位置、标高、垂直度等进行校正，使其符合要求。

4. 固定：按设计规定的连接方法（如灌缝、焊接、铆接、螺栓连接等）将构件予以最后固定。

三、起重吊装中的安全防护设施要求

1. 作业人员：高处作业人员必须佩戴安全带，独立悬空作业人员除去有安全网防护外，还应以个人防护（安全带、安全帽、防滑鞋等）作为补充防护；并且操作人员不能站在构件上以及不牢固的地方进行作业，应站在有防护栏杆的作业平台上工作；作业人员上下应走专用爬梯或斜道，不准攀爬脚手架或建筑物上下，严禁用起重机吊人上下。

2. 吊装时：在进行节间吊装时，应采用平网防护，进行节间综合吊装时，可采用移动平网（即在沿柱子一侧拉一钢丝绳，平网为一个节间的宽度，随吊装完一个节间，再向前移动到下一个节间）；在进行吊装行车梁时，可在行车梁高度的一侧，沿柱子拉一钢丝绳（距行车梁上表面约 1m 左右），当作业人员沿行车梁作业行走时，将安全带扣牢在钢丝绳上滑行；在进行屋架吊装时，作业人员严禁走屋架上弦，当走屋架下弦时，应把安全带系牢在屋架的加固杆上（在屋架吊装之前临时绑扎的木杆）。

3. 结构及抽板安装后，应及时采取措施，对临边及孔洞按有关规定进行防护，防止吊装过程中发生事故。

第六章　吊装索具、吊具

按行业习惯，我们把用于起重吊运作业的刚性取物装置称为吊具，把系结物品的挠性工具称为索具或吊索。

吊具可直接吊取物品，如吊钩、抓斗、夹钳、吸盘、专用吊具等。吊具在一般使用条件下，垂直悬挂时允许承受物品的最大质量称为额定起重量。

吊索是吊运物品时，系结钩挂在物品上具有挠性的组合取物装置。它是由高强度挠性件（钢丝绳、起重环链、人造纤维带）配以端部环、钩、卸扣等组合而成。吊索可分为单肢、双肢、三肢、四肢使用。吊索的极限工作载荷是以单肢吊索在一般使用条件下，垂直悬挂时允许承受物品的最大质量。除垂直悬挂使用外，吊索吊点与物品间均存在着夹角，使吊索受力产生变化，在特定吊挂方式下允许承受的最大质量，称为吊索的最大安全工作载荷。

本章通过介绍起重吊装中常用的吊装索具、吊具等的选择、安全使用方法以及维护保养和报废标准，使建筑起重信号司索工不仅掌握钢丝绳、卸扣、吊环、绳卡等常用起重索具、吊具的选择与使用方法，判断钢丝绳、吊钩是否达到报废标准，还要学会对钢丝绳、卸扣、吊链的破断拉力、允许拉力进行计算。

第一节　常用索具及使用方法

起重吊装中常用的捆绑绳索有白棕绳和钢丝绳。白棕绳一般用作起吊轻型构件和作溜绳以及受力不大的缆风绳等。钢丝绳由于具有强度高、韧性好、耐磨，在高速下运动无噪声、工作可靠等优点，同时在磨损后外部产生许多毛刺、断丝，容易检查，便于预防事故，所以应用广泛。不但是吊装作业中的主要绳索，还是各类起重机械的起重和传动机构中的主要绳索。下面分别介绍两种绳索。

一、白棕绳

1. 白棕绳的构造

白棕绳是由植物纤维搓成线，再由线绕成股，最后将股拧成绳。白棕绳有浸油白棕绳和不浸油白棕绳之分。不浸油的白棕绳受潮后易腐烂，使用中应注意保管。浸油白棕绳不易腐烂，但材质变硬，不易弯曲，因而在吊装中一般都用不浸油的白棕绳。

2. 使用中注意事项

白棕绳应存放在干燥通风的地方，不要和油漆、酸、碱等化学物品接触，防止霉烂、腐蚀。成卷白棕绳在拉开使用时，应先把绳卷平放在地下，将有绳头的一面放在底下，从卷内拉出绳头（如从卷外拉出绳头，绳子就容易扭结），然后根据需要的长度切断。切断前应用细铁丝或麻绳将切断口两侧的白棕绳扎紧，防止切断后绳头松散。

在使用中，白棕绳穿绕滑车时，滑车的直径应大于绳直径的10倍，以免绳捆受弯曲过大而降低强度。有绳结的白棕绳不得用于穿滑车使用，如发生扭结，应设法抖直，否则绳子受拉时容易折断。使用白棕绳时避免在粗糙的构件上或地上拖拉。用于捆绑边缘锐利的构件时，应衬垫麻袋、纤维布、木板等物，防止切断绳子。

吊装作业中使用的绳扣，应结扣方便，受力后扣不松脱，解扣简易。

二、钢丝绳

钢丝绳具有质量轻、挠性好、承载能力大、高速运行中无噪声并且能承受冲击荷载等特点。钢丝绳正常工作时，不易发生整根绳破断的情况，绳的断裂往往是逐渐产生的，破断之前有断丝预兆，容易检查，可预防事故发生。因此广泛用于各种起重机械，并用作吊索及缆风绳等。

（一）钢丝绳的构造

钢丝绳是由直径 0.2～0.3mm、拉伸极限强度为 1000～2600N/mm^2经特殊处理的钢丝编绞而成。双重绕钢丝绳系先把钢丝绕成股，再由股绞成绳。这种钢丝绳由于中间有一条软的芯绳，挠性好，因此应用广泛。钢丝绳因构造不同而有不同的分类：

1. 按绳芯材料可分为：

（1）麻芯与棉芯钢丝绳。具有较高的挠性和弹性，不能承受横向压力（如在卷筒上缠绕多层绳时相互挤压），不能承受高温。

（2）石棉芯钢丝绳。不能承受横向压力，但可在高温环境下工作。

（3）钢丝芯钢丝绳。这种钢丝绳刚性大，能承受高温和横向压力，但阻挠性较差，可用于起重机具（手扳葫芦绳索）等。

2. 按钢丝绳捻制方法可分为：

（1）同向捻。钢丝绳绕成股和由股拧成绳的方向相同，这种钢丝绳钢丝之间接触较好，表面比较平滑，挠性好，磨损小，使用寿命长，但容易松散和扭转，故在自由悬挂重物的起重机中不宜使用，可用于有导轨（如升降机）的起重机械。

（2）交互捻。由钢丝绕成股，与由股拧成绳的方向相反。这种绳具有较大的刚性和寿命较短的缺点，但由于使用中不易松散和没有扭转的优点，故在起重机中应用较多。

（3）混合捻。是同向捻与交互捻的混合捻法，即相邻两股的钢丝扭转的方向相反。它具备了同向捻与交互捻的特点，但因加工工艺复杂采用较少。

（二）钢丝绳的标记方式

如6×19+1规格即表示：6股、19丝及一根绳芯，另外还有6×37+1、6×61+1等规格。钢丝绳在直径相同情况下，绳股中钢丝越多，钢丝直径越细，钢丝绳也越柔软，但耐磨性差。物料提升机使用的钢丝绳型号为6×19+1。

（三）钢丝绳工作拉力

选择钢丝绳除满足使用上的要求外，还应有足够的强度承受最大荷载、工作中的耐磨损和反复弯曲性能、能够抵抗受冲击的性能。

为达到以上要求，对受力中不是定值的采用安全系数方法考虑。钢丝绳的安全系数K是按机构的工作级别来选取的，一般轻级工作的选$K=4$，中级工作的选$K=5\sim6$，重级工作的选$K=7$，特重工作级别的选$K=9$。

整根钢丝绳的拉力要小于绳的全部钢丝总和的破断力。由于钢丝绳是由许多细钢丝绕制而成的，所以在整条绳受力时，各钢丝之间产生的相互摩擦便造成一部分力相互抵消，当计算整条绳的拉力时，要用全部钢丝总和的破断力乘以小于1的换算系数。不同规格的钢丝绳采用的换算系数为：6×19+1钢丝绳为0.85，6×37+1为0.82，6×61+1为0.80。

（四）钢丝绳的绳卡连接

钢丝绳采用绳卡连接时应注意绳卡的安装方向，应将U形卡环放在钢丝绳返回的短绳一侧，将绳卡压板放在长绳（主绳）一侧。因为压板与钢丝绳接触面积大，U形卡环与钢丝绳接触面积小，在同等外力下，主绳单位面积受力较小，使用时不会首先破断。安装绳卡时，应按照一个方向安装，不准一正一反安装。

绳卡安装间距为钢丝绳直径的6～8倍，绳卡的个数依钢丝绳直径确定，当钢丝绳直径<10mm（缆风绳）时用3个绳卡；钢丝绳直径为10～20mm（提升机构）时用4个绳卡。钢丝绳端头应用铁丝绑扎防止松散。

（五）钢丝绳的安全使用

新更换的钢丝绳应与原安装的钢丝绳同类型、同规格。如采用不同类型的钢丝绳，应保证新换钢丝绳性能不低于原钢丝绳，并能与卷筒和滑轮的槽形相符。钢丝绳捻向应与卷筒绳槽螺旋方向一致，单层卷绕时应设导绳器加以保护以防乱绳。新装或更换钢丝绳时，从卷轴或钢丝绳卷上抽出钢丝绳应注意防止钢丝绳打环、扭结、弯折或粘上杂物。截取钢丝绳应在截取两端处用细钢丝扎结牢固，防止切断后绳股松散。

钢丝绳在使用中应尽量避免突然的冲击振动，运动的钢丝绳与机械某部位发生摩擦接触时，应在机械接触部位采用适当保护措施；对于捆绑绳与吊载棱角接触时，应在钢丝绳与吊载棱角之间加垫木或钢板等保护措施，以防钢丝因机械割伤而破断。钢丝绳起升过程中不准斜吊，应安装起升限位器，以防过卷拉断钢丝绳。严禁超载起吊，应安装超载限制器或力矩限制器加以保护。

第二节　钢丝绳的维护保养与报废标准

一、钢丝绳的维护保养

钢丝绳的维护保养应根据起重机械的用途、工作环境和钢丝绳的种类而定。对钢丝绳的保养最有效的措施是适当地对工作的钢丝绳进行清洗和涂抹润滑油脂。注意日常观察和定期检查钢丝各部位异常与隐患，也是对钢丝绳的最好维护。

当工作钢丝绳上出现锈迹或绳上凝聚着大量的污物时，为消除锈蚀和消除污物对钢丝绳的腐蚀破坏，应拆除钢丝绳进行除污保养。

清洗后的钢丝绳应及时地涂抹润滑油或润滑脂，为了提高润滑油脂的浸透效果，往往将洗净的钢丝绳盘好再投入到由加热至80～100℃的润滑油脂中泡至饱和，这样润滑脂便能充分地浸透到绳芯中。当钢丝绳重新工作时，油脂将从绳芯中不断渗溢到钢丝之间及绳股之间的空隙中，就可以大大改善钢丝之间及绳股之间的摩擦状况而降低磨损破坏程度。同时钢丝绳由绳芯溢出的油脂又会改善钢丝绳与滑轮之间、钢丝绳与卷筒之间的磨损状况。如果钢丝绳上污物不多，也可以直接在钢丝绳的重要部位，如经常与滑轮、卷筒接触部位的绳段及绳端固定部位绳段，涂抹润滑油或润滑脂，以减小摩擦，降低钢丝绳的磨损量。

对卷筒或滑轮的绳槽也应经常清理，如果卷筒或滑轮绳槽部分有破裂损伤造成钢丝绳加剧破坏时，应及时对卷筒、滑轮进行修整或更换。

当起升钢丝绳分支在四支以上时，空载常见钢丝绳在空中打花扭转，此时应及时拆卸钢丝绳，让钢丝绳在自由状态下放松以消除扭结，然后再重新安装。

对于吊装捆绑绳，除了适当进行清洗、浸油保养之外，主要的是要时刻注意加垫保护钢丝绳不被吊物棱角割伤割断，还要特别注意捆绑绳尽量避免与灰尘、砂土、酸碱化合物接触，一旦接触应及时清除干净。

二、钢丝绳的报废标准

钢丝绳是易损件，起重机械总体设计不可能是各种零件都按等强度设计。例如电动葫芦的总体设计寿命为10年，而钢丝绳的寿命仅为总体设计寿命的1/3左右，就是说在电动葫芦报废之前允许更换两次钢丝绳。

钢丝绳使用的安全程度，即使用寿命或者称为报废的标准是由以下各因素判定。然而，钢丝绳的损坏往往不是孤立的，而是由各种因素综合积累造成的，应由主管人员判断并决定钢丝绳是报废还是继续使用。

造成钢丝绳损坏报废的因素按下列项目判定：断丝的性质及数量、绳端断丝、断丝的局部聚集、断丝的增加率、绳股断裂、由于绳芯损坏而引起的绳径减小、弹性减小、外部及内部磨损、外部及内部腐蚀、变形和由于热或电弧造成的损坏。

钢丝绳吊索，当出现下列情况之一时，应停止使用、维修、更换或报废。

1. 无规律分布损坏，在6倍钢丝绳直径的长度范围内，可见断丝总数超过钢丝总数的5%。

2. 钢丝绳局部可见断丝损坏；有三根以上断丝聚集在一起。

3. 索眼表面出现集中断丝或断丝集中在金属套管、插接处附近、插接连接绳股中。

4. 钢丝绳严重锈蚀：柔性降低，表面粗糙，在锈蚀部位实测钢丝绳直径已不到原公称直径的93%。

5. 因打结、扭曲、挤压造成钢丝绳畸变、压破、芯损坏或钢丝绳压扁超过原公称直径的20%。

6. 钢丝绳热损坏：由于电弧、熔化金属液浸烫或长时间暴露于高温环境中引起的强度下降。

7. 插接处严重受挤压、磨损或绳径缩小到原公称直径的95%。

8. 绳端固定连接的金属套管或插接连接部分滑出。

9. 端部配件按各报废标准执行。

第三节 常用吊具

起重吊装中常用的吊具主要有卸扣、吊环、钢丝绳卡、吊链、吊钩等。

一、卸扣

卸扣也称卸甲，卸扣由弯环与销子组成，主要用于吊索与吊索或吊索与构件吊环之间的连接。

1. 种类

卸扣按销子的连接方式分，有螺栓式卸扣和活络卸扣。螺栓式卸扣的销子用螺母锁定，活络卸扣销子无锁住装置可以直接抽出。活络卸扣常用于吊装柱子，当柱子就位并临时固定后，可在地面用事先系在销子尾部的绳子将销子拉出，解开吊索，避免了高处作业的危险并提高了效率。

使用活络卸扣时应使销子尾部朝下，这时吊索受力后压紧销子，不会使销子掉下，确保吊装安全，同时也方便拉出销子。在拉出销子时，应在起重机落钩、吊索松弛且拉绳与销轴呈一直线时拉出。

2. 卸扣荷载

由于建筑施工现场情况复杂多样，很难进行精确计算，下面介绍一种近似计算卸扣允许荷载的方法：

$$P \approx 3.5 \times d^2$$

式中 d——销子直径；

P——允许荷载。

3. 使用卸扣时的注意事项

卸扣在使用时，必须注意安装及使用的正确性。卸扣应竖向使用，即使销子与环底受力，不能横向受力，否则会造成卸扣变形，尤其当采用活络卸扣时，若横向受力销子容易脱离销孔，吊索会滑脱出来；使用螺栓式卸扣时，要注意使销子旋紧的方向与钢丝绳拉紧的方向相同，否则钢丝绳拉紧过程中会使销子退扣脱出造成事故。

构件吊装完毕摘除卸扣时，不准往下抛掷，防止卸扣变形和损伤。

二、吊环

吊环一般是作为吊索、吊具钩挂起升至吊钩的部件。根据吊环的形状可分为圆吊环、梨形环和长吊环，根据吊索的分肢数的多少，还可分为主环和中间主环。吊环的主要技术参数见表 6-1、表 6-2。

1. 端部吊环

表 6-1　吊环技术参数

额定载荷	圆吊环		梨形环				试验载荷 t	长吊环（mm）			质量（kg）
	d	*D*	*d*	*r*	*R*	*L*		*A*	*B*	*d*	
3	24	100	20	60	20	85	6	80	144	20	1.08
5	28	150	30	65	25	93	10	100	180	26	2.30
8	33	175	33	75	30	100	16	120	216	32	4.20
10	38	225	38	80	50	146					
12							24	140	252	38	6.93

2. 中间环

表 6-2　组合吊环中间环技术参数

主吊环载荷（t）	中间环载荷（t）	*A*（ram）	*B*（ram）	*d*（ram）	质量（kg）
3	2.1	54	108	16	0.51
5	3.5	70	140	20	1.04

续表

主吊环载荷（t）	中间环载荷（t）	A（ram）	B（ram）	d（ram）	质量（kg）
8	5.6	85	170	25	1.97
12	8.5	100	200	30	3.35

三、钢丝绳卡

钢丝绳卡是制作索扣的快捷工具，如操作正确，强度可为钢丝绳自身强度的80%。其正确布置方向如图6-1所示。

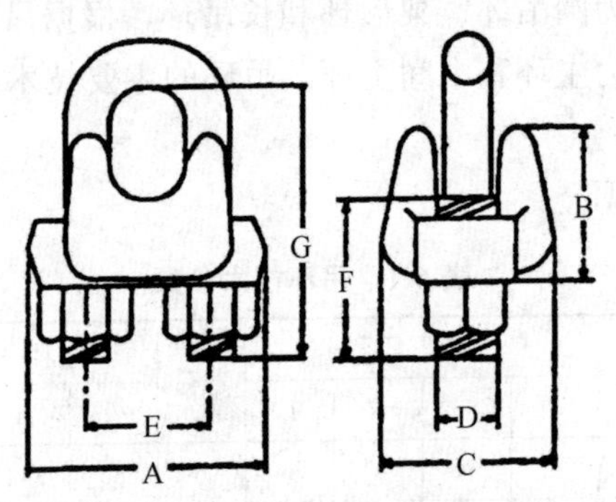

图6-1　钢丝绳卡正确布置方向

1. 钢丝绳卡的正确使用方法

为减小主受力端钢丝绳的夹持损坏，夹座应扣在钢丝绳的工作段上，U形螺栓扣在钢丝绳尾段上，绳夹的间距A等于6～7倍钢丝绳直径。钢丝绳的紧固强度取决于绳径和绳夹匹配，以及一次紧固后的二次调整紧固。绳夹在实际使用中，受载一次后应重新检查，离套环最远处的绳夹不得首先单独紧固，离套环最近处的绳夹应尽可能地靠紧套环，但不得损坏外层钢丝。

2. 钢丝绳卡的使用数量

钢丝绳卡所用的数量与绳径相关，按表6-3选取。

表 6-3　钢丝绳卡数量的选用

绳卡公称尺寸 钢丝绳公称直径（mm）	<7	≥7～16	≥16～20	≥20～26	≥26～40
钢丝绳卡最少数量（组）	3	5	6	7	8

四、吊链

吊链是起重作业中使用广泛的工具，吊链的挠性元件是起重短环链，根据其材质的不同吊链可分为 M（4）、S（6）、T（8）三个强度等级。

吊链的最大特点是承受载荷能力大，可以耐高温，因此多用于冶金行业。其缺点是对冲击载荷比较敏感，发生断裂时无明显征兆。

（一）吊链的最大安全工作载荷

吊链的最大安全工作载荷可按下式计算：

最大安全工作载荷＝吊挂方式系数×标记在吊索单独分肢上的极限工作载荷

（二）吊链的安全使用

吊链使用前，应进行全面检查，准备提升时，链条应伸直，不得扭曲、打结或弯折；吊链在酸性介质中使用时，应采取下列保护措施：此时该吊链的极限工作载荷应不大于原极限工作载荷的 50%；吊链使用后，应立即用清水彻底冲洗；吊链端部配件，如环眼吊钩，应按相应要求使用；用多肢吊链通过吊耳连接时，一般分肢间夹角不应超过 60°。

（三）吊链的报废标准

吊链端部配件环眼吊钩、夹钳等应分别按有关规定报废。其他端部配件和环链出现下列情况之一时，应更换或报废。

1. 链环发生塑性变形，伸长量达原长度 5%。

2. 链环之间以及链环与端部配件连接接触部位磨损减小到原公称直径的 60%；其他部位磨损减少到原公称直径的 90%。

3. 有裂纹或高拉应力区的深凹痕、锐利横向凹痕。

4. 链环修复后，未能平滑过渡或直径减少量大于原公称直径的 10%。

5. 扭曲、严重锈蚀以后积垢不能加以排除。

6. 端部配件的危险断面磨损减少量达原尺寸 10%。

7. 有开口度的端部配件，开口度比原尺寸增加 10%。

五、吊钩

1. 吊钩的种类

吊钩根据外形的不同，分单钩和双钩两种。单钩一般在中小型起重机上用。单钩使用简便，双钩受力较好，所以起重量大的起重机多采用双钩，多用在桥式和门座式起重机上。

2. 注意事项

吊钩按锻造方法分有锻造钩和板钩（由 30mm 厚钢板铆合制成）。锻造钩一般是用整块钢材锻造的，表面应光滑，不得有裂纹、刻痕、裂缝等缺陷，并不准进行补焊，否则材质变脆，受力后易断裂。不能用铸造钩，因铸造容易存在质量上的缺陷，不能保证材料机械性能。

吊钩应注明载重能力，若无标明应经计算及动、静荷载试验确定。

起重机上吊钩应设置防止脱钩的保险装置。

3. 吊钩的报废

当吊钩有下列情况之一时应报废：

挂绳处断面磨损超过高度 10%；开口度比原尺寸增大 15%；用 20 倍放大镜观察，表面有裂纹；危险断面与吊钩颈部产生塑性变形。

第七章 起重联合作业管理

在起重吊装作业中，如所吊重物质量较大，就需要用两台或多台起重机械进行联合作业。在用多台起重机联合作业时，应根据实际情况制定详细的吊装方案，并按照方案进行施工。

下面以吊装混凝土柱子为例了解两台起重机的联合作业。

一、常用的吊装方法

当采用两台起重机吊装混凝土柱子时，常用的吊装方法有滑行法和递送法两种。

1. 滑行法

滑行法是指两台起重机在起吊就位的过程中都起主要作用。滑行法宜选择型号相同的起重机。

滑行法的吊装步骤：双机抬吊滑行法中柱的平面布置与单机起吊滑行法基本相同。将柱子翻身就位后，在柱脚下设置木板、钢管并铺滑行道，做好准备工作，然后两台起重机停放位置对立，其吊钩均应位于柱子上方（图 7-1），在信号工的统一指挥下，两台起重机以相同的升钩、旋转速度同时起吊，将混凝土柱子垂直吊离地面，两台起重机同时落钩将柱脚插入指定杯口。

2. 递送法

递送法是指两台起重机中的一台作为主机，另一台作为辅机配合主机进行吊装作业。

递送法的吊装步骤：在信号工的统一指挥下，一台起重机作为主机起吊混凝土柱子的上吊点，另一台作为副机吊柱子的下吊点，随主机起吊，柱的布置应使两个吊点与基础中心分别处于起重半径的圆弧上，两台起重机并列于柱的一侧（图 7-2）起吊时，两机同时同速升钩，将柱吊离地面，然后两台起重机的起重臂同时向杯口旋转，此时，从动起重机 A 只旋转不提升，主动起重机 B 则边旋转边升钩直至柱直立，双机以等速缓慢落钩，将柱插入杯口中。

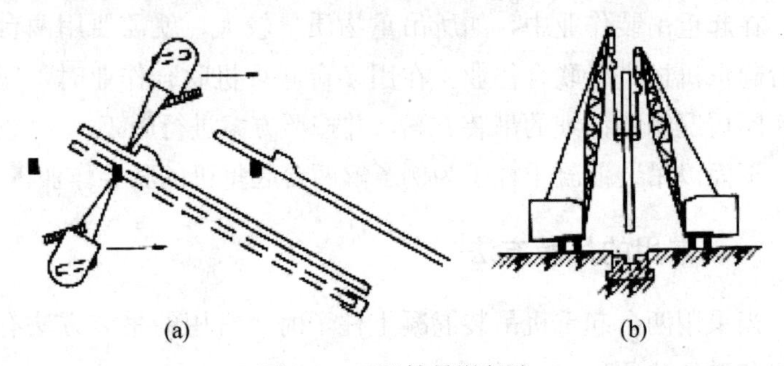

图 7-1　双机抬吊滑行法

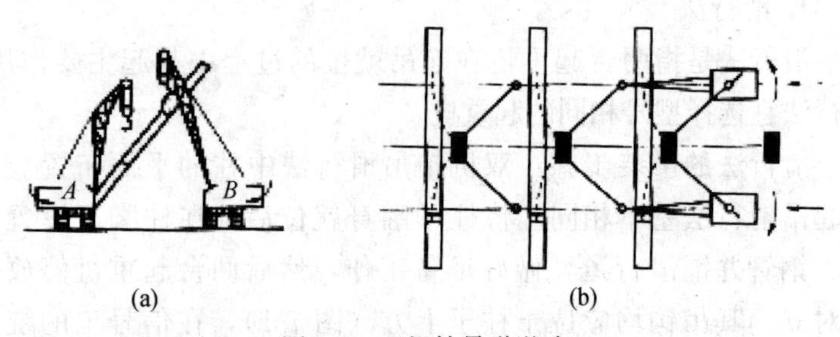

图 7-2　双机抬吊递送法

二、两台或多台起重机联合作业时的负荷分配

采用双机抬吊时，为使各机的负荷均不超过该机的起重能力，应进行负荷分配，其计算方法（图 7-3）为：

$$P_1 = 1.25Q \frac{d_2}{d_1 + d_2}$$

$$P_2 = 1.25Q\frac{d_2}{d_1 + d_2}$$

式中　Q——柱的质量（t）；

P_1——第一台起重机的负荷（t）

P_2——第二台起重机的负荷（t）

d_1、d_2——分别为起重机吊点至柱重心距离（m）；

1.25——双机抬吊可能引起的超负荷系数，若有保证不超载的措施，可不乘此系数。

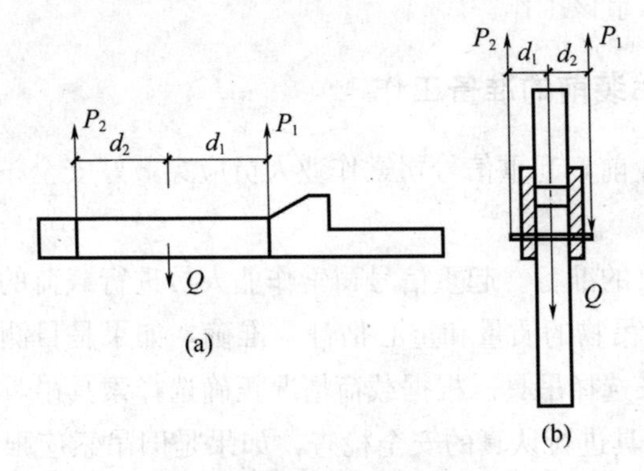

图 7-3　负荷分配计算简图

（a）两点抬吊；（b）一点抬吊

三、两台或多台起重机联合作业时的注意事项

1. 吊装中尽量选择同类型且起重性能相似的起重机进行作业；

2. 多台起重机联合作业时要合理分配起重机负荷，各起重机不超过其安全起重量的 80%。

3. 多台起重机联合作业时，操作中应统一指挥，起重机之间要相互配合，起重机的吊钩滑轮应尽量保持垂直状态，吊索不得倾斜过大，防止其中一台起重机失稳导致另一台超载。

第八章　起重作业安全技术操作规程

起重信号司索作业人员必须经建设行政主管部门培训考核合格、取得特种作业资格证，并熟悉所指定起重机械的技术性能后，方可从事该工作。

一、吊装前的准备工作

1. 作业前，起重信号司索作业人员应穿戴好安全帽及其他防护用品。

2. 吊具的准备。起重信号司索作业人员进行载荷的质量计算或估算，对吊物的质量和重心估计要准确，如果是目测估算，应增大20%来选择吊具。根据载荷情况正确选择索具吊具，每次吊装都要对吊具进行认真的安全检查，如果是旧吊索应根据情况降级使用，绝不可超载或使用已报废的吊具。

3. 信号司索作业人员选择自己的位置时应注意：在所指定的区域内，应能清楚地看到负载，并保证与起重机司机之间视线清楚。指挥人员要与被吊运物体间保持安全距离。

4. 当信号司索人员不能同时看见起重机司机和负载时，应站到能看见起重机司机的一侧，并增设中间人员传递信号。

二、捆绑吊物过程中应注意的事项

1. 起重信号司索工应对吊物进行必要的归类、清理和检查，吊物不能被其他物体挤压，被埋或被冻的物体要完全挖出。

2. 仔细观察吊物及其周边情况，切断其与周围管、线的一切联系，防止超载；清除吊物表面或空腔内的杂物，将可移动的零件锁紧或捆牢，形状或尺寸不同的物品不经特殊捆绑不得混吊，防止坠落伤人；吊物捆扎部位的毛刺要打磨平滑，尖棱利角应加垫物，防止起吊后损坏吊索。表面光滑的吊物应采取措施来防止起吊后吊索滑动或吊物滑脱

3. 捆绑后留出的绳头，必须紧绕在吊钩或吊物上，防止吊物移动时挂住沿途人员或物件。

4. 吊运大而重的物体应加诱导绳，诱导绳长应能使司索工既可握住绳头，同时又能避开吊物正下方，以便发生意外时司索工可利用该绳控制吊物。

三、挂钩起钩

1. 挂钩要坚持"五不挂"，即起重或吊物质量不明不挂，重心位置不清楚不挂，尖棱利角和易滑工件无衬垫物不挂，吊具及配套工具不合格或报废不挂，包装松散、捆绑不良不挂等，将安全隐患消除在挂钩前。

2. 当多人吊挂同一吊物时，应由一专人负责指挥，在确认吊挂完备、所有人员都离开并站在安全位置以后，才可发出起钩信号；起钩时，地面人员不应站在吊物倾翻、坠落可波及的地方；如果作业场地为斜面，则应站在斜面上方（不可在死角），防止吊物坠落后继续沿斜面滚移伤人。

3. 吊物高大需要垫物攀高挂钩、摘钩时必须佩戴安全带，脚踏物一定要稳固垫实，禁止使用易滚动物体（如圆木、管子、滚筒等）做脚踏物。

4. 禁止司索人员或其他人员站在吊物上一同起吊，严禁司索人员停留在吊重下。

5. 在开始指挥起吊负载时，用微动信号指挥，待负载离开地面 100～200mm 时，停止起升，进行试吊，确认安全可靠后，方

可用正常起升信号指挥重物上升。

6. 起重机吊钩的吊点，应与吊物重心在同一条铅垂线上，使吊重处于稳定平衡状态。吊钩要位于被吊物重心的正上方，不准斜拉吊钩硬挂，防止提升后吊物翻转、摆动。

7. 在雨雪天气作业时，应先经过试吊，检验制动器灵敏可靠后方可进行正常的起吊作业。

四、摘钩卸载

1. 吊物运输到位前，起重信号司索工应选择好安置位置，卸载不要挤压电气线路和其他管线，不要阻塞通道。

2. 针对不同吊物种类应采取不同措施加以支撑、垫稳、归类摆放，不得混码、互相挤压、悬空摆放，防止吊物滚落、侧倒、塌垛。

3. 卸往运输车辆上的吊物，要注意观察重心是否平稳，确认不致倾倒时，方可松绑、卸物。

4. 摘钩时应等所有吊索完全松弛后再进行，确认所有绳索从钩上卸下再起钩，不允许抖绳摘索，更不许利用起重机抽索。

5. 应做到经常清理作业现场，保持道路及安全通道畅通无阻。

6. 经常保养吊具、索具，确保使用安全可靠，延长使用寿命。

第九章　起重作业事故分析

在起重吊装工作中，信号司索作业人员从事捆绑挂钩、摘钩卸载以及现场指挥等工作，是起重机司机与所吊重物间的纽带，工作中稍有疏忽，将会酿成安全事故，因此信号司索工的工作质量与整个起重作业安全关系极大。

案例一：××年×月×日下午 2 时许，某单位吊车司机张某操纵 20t 三菱牌汽车吊将一根重达 7.3t 的花篮梁卸到工地上。担任指挥员的杨某自以为钩已挂好，离开岗位，轻松地坐到运输车驾驶室里与司机李某抽烟聊天，司机张某按照以往习惯，照样轻松自如地作业，结果没料到，工地的土质松软，在吊运回转过程中，由于无人指挥，汽车吊支腿陷入泥里也无人发觉。最终由于车身重心失去平衡而倾倒，重达 7.3t 的花篮梁狠狠地砸在构件运输车上，指挥员杨某和司机李某被砸扁的驾驶室困住，导致杨某因伤势过重，抢救无效死亡，李某虽然保住了生命，但两腿高位截肢，落下终身残疾。

事故原因分析：

1. 违章作业和不负责任是造成本次恶性事故的主要原因。

2. 指挥员杨某擅离岗位，没有认真配合司机工作。

预防措施：

强化对司机和指挥人员及作业人员的安全技术教育和职业道德教育，提高工作责任性，自觉遵守各项规章制度，严禁违章作业。

案例二：××年×月×日上午，在某蛋品的冷库工程工地上，春光号起重机正在吊混凝土吊斗，由于不垂直，重心偏离起吊垂直线约2m，起吊后的吊斗缓慢向前移动。前方起重指挥邵某正背朝吊车，两手搭在江某肩上说话，此时电源突然跳闸，下降吊点的措施失效，吊斗向邵、江两人撞击。邵某则因躲闪不及，被吊斗撞击在翻斗车上，终因内脏多处严重损伤而不治身亡。

事故原因：

1. 违章作业，歪拉斜吊，是导致这起事故的直接原因。

2. 现场指挥混乱，指挥邵某玩忽职守，混凝土工小马无证违章指挥是这起事故的主要原因。

预防措施：

1. 按操作规程进行操作是信号司索人员和起重机司机的职责，指挥人员和起重机司机要严格遵守“十不吊”的规定，歪拉斜挂不吊。

2. 吊车起重作业时，必须配有一名有经验且持有操作证的起重指挥人员指挥，不能让无证人员进行指挥，担任指挥起重工作必须工作认真，责任心强，严格执行安全操作规程。

案例三：××年×月×日，某市起重公司三大队在××厂用卷扬机挪运一台10t重的磨床时，把挂滑轮的钢丝绳围在一个石槽上，钢丝绳受力后，被石槽棱角处切断，钢丝绳猛力蹦起，抽在现场指挥者刘××的右脚上，使其摔倒，头部受重伤，于次日死亡。

事故原因：

钢丝绳与棱角坚硬物接触，受力后被切断。

预防措施：今后对有关人员加强对特殊工种的安全技术操作规程的教育，严格按照安全操作规程进行工作，对现场每个细微的变化都应注意观察，对出现的问题及时采取措施。

案例四：××年×月××日17时15分，某市烟厂发酵室使用桥式起重机吊叶包，未挂牢，在吊高至2m时脱钩，将技术员路××砸伤后死亡。

事故原因：信号司索工安全意识比较淡薄，违反操作规程，没有挂牢脱钩。

预防措施：今后有关部门加强对信号司索工的安全思想教育，端正工作态度，加强操作规程培训。

案例五：××年×月×日7点30分，某市石油加工厂装卸队工人在装卸站台吊运4t机床，当时用两条3分的钢丝绳起吊，当试吊离地时，有一条吊索松一点，机床开始倾斜，工人用木板垫垫上后又继续起吊，吊起后机床还是倾斜，信号司索工用手将机床扶正，但将要放下时，两条钢丝绳吊索突然全部断开，机床掉下，机床底座和主轴摔坏，损失价值36万元。

事故原因：

1. 钢丝绳吊索选择不当，超负荷吊装，按规定，吊4t件应选用6分的钢丝绳吊索；

2. 违反起重安全操作规程，一端绳长，失去平衡，另一端加重负荷导致钢丝绳吊索拉断。

预防措施：

今后应克服有关人员无知、自负、求快的心理，经常组织有关人员认真学习安全操作规程，对于所从事起重司索工作的一些计算及相关知识进行学习和掌握，经常考核，提高起重信号司索人员的知识水平。

第十章　起重吊运指挥信号

建筑起重吊装中信号司索工常用的指挥信号有通用手势信号、专用手势信号以及其他常用的指挥信号，起重信号司索工必须掌握起重指挥信号的运用。

第一节　通用手势信号

通用手势信号是指各种类型的起重机械在起重、吊运过程中普遍适用的指挥手势。通用手势信号共有 14 个，下面逐一介绍。

一、“预备”或“注意”手势（图 10-1）

指挥人员发出开始工作的指令时，要做出“预备”手势，以提示司机准备吊运。这主要用于工作的开始或停止较长一段时间后继续工作前。起重司机对这种“预备”信号应用“明白”音响信号回答，使自己置于指挥人员的指挥之下。当起重机负载高速运行在操作过程中准备更换动作时，都可以使用这个“注意”信号，起重机司机不必发出回答的音响信号，应控制住起重机的运行速度，并开始减慢速度。

二、“要主钩”手势(图 10-2)和“要副钩”手势（图 10-3）

这两种手势用于具有主、副钩的起重机械中，区别使用哪种吊钩的一种手势，指挥人员可根据载荷情况决定选择使用。

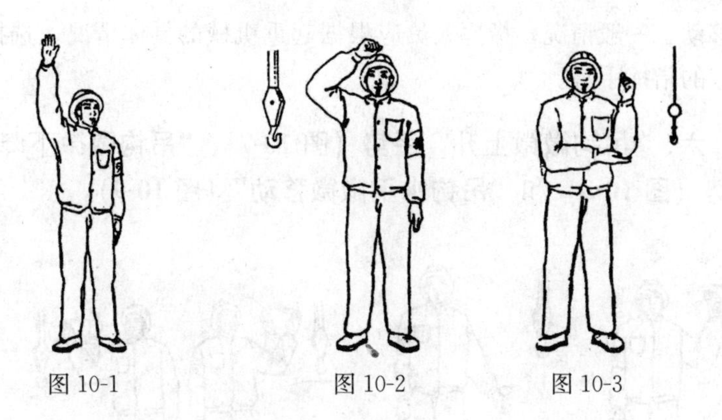
图 10-1　　图 10-2　　图 10-3

三、“吊钩上升”手势（图 10-4）

这是用于正常速度起吊载或空钩上升的手势。

四、“吊钩下降”手势（图 10-5）:

这是用于正常速度降下负载或空钩的手势。

五、“吊钩水平移动”手势（图 10-6）

这种手势主要用于对桥式起重机小车的指挥。指挥人员根据所处的指挥位置，可向左、右做手势，也可向前、后做手势。

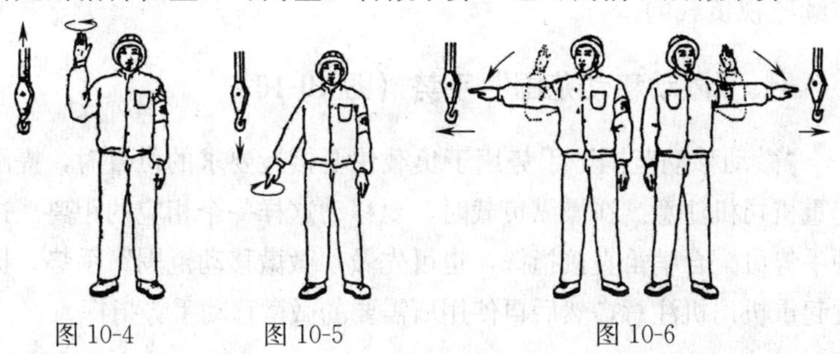
图 10-4　　图 10-5　　图 10-6

同样能完成“吊钩水平移动”的手势还有“起重机前进”“起重机后退”“升臂”“转臂”等，这些手势都能实现负载的水平移动。一般情况，指挥人员应根据起重机械的具体情况，选择相应的指挥手势。

六、“吊钩微微上升”手势（图 10-7）、“吊钩微微下降”手势（图 10-8）和“吊钩水平微微移动”（图 10-9）。

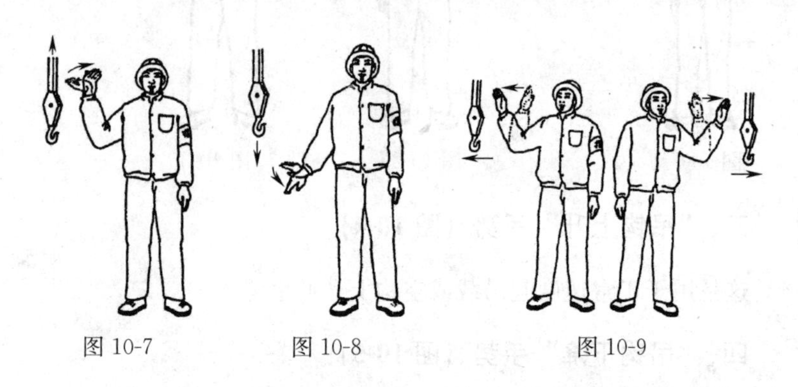

图 10-7　　图 10-8　　图 10-9

这三个微动手势用于吊运的开始、结束或其他要求小距离移动的情况。指挥人员做手势时，可有节奏地连续指挥，即从微动的开始一直指挥到微动的结束。指挥人员在指挥中，应保持 3/4 面向起重机司机，使司机看到手势的侧影，这样也便于指挥人员连续监视负载的运行。

七、“微动移动范围”手势（图 10-10）

“微动移动范围”手势用于负载快要接近要求的位置时，提醒起重机司机注意。在操纵负载时，要移动这样一个相应的距离。这种手势可配合哨笛直接指挥，也可先做“微微移动范围”手势，提醒起重机司机注意，然后再使用所需要的微微移动手势指挥。

八、“指示降落方位”手势（图 10-11）

“指示降落方位”手势用于降下负载时，指出降落物体应放置在某一具体位置的手势。

九、“停止”手势（图 10-12）

“停止”手势用于负载运行的正常停止手势，起重机司机在操纵设备时，应逐渐地而不要突然地停车。

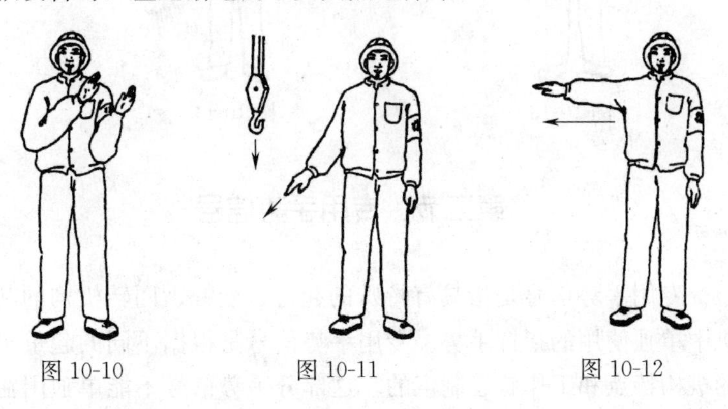

图 10-10　　图 10-11　　图 10-12

十、“紧急停止”手势（图 10-13）

“紧急停止”手势用于负载运行的紧急停止手势。“紧急停止”手势主要用在：

1. 瞬间停车，也就是在接到信号后的极短时间内停止运行。

2. 有意外或有危险情况的紧急停车。例如：负载对人的安全有威胁或快要碰上障碍物。这种情况下，指挥人员发出“紧急停止”手势。起重机司机应使负载在不失去平衡的前提下尽快停车。

十一、“工作结束”手势（图 10-14）

“工作结束”手势说明工作结束，指挥人员不再向起重机司机发出任何指挥信号。起重机司机接到此信号后，发出“回答”音响信号，便可结束工作。

图 10-13

图 10-14

第二节　专用手势信号

专用手势信号是指具有特殊的起升、变幅、回转机构的起重机中单独使用的指挥手势。专用手势信号是根据不同的起重机械的机构特点和工作状态制定的。这部分手势信号不能单独用在起重吊运工作的全过程，它只是作为通用手势信号的补充。在完成指挥吊运工作的过程中，指挥人员可根据起重机械形式，选择必要的专用手势配合通用手势信号。

一、“升臂”手势（图 10-15）

“升臂”手势用于臂架式起重机臂杆的上升手势。这种“升臂”手势，可以指挥负载在水平方向的前后移动。

二、“降臂”手势（图 10-16）

“降臂”手势用于指挥臂架式起重机臂杆的“下降”手势。这种“降臂”手势，也同样能实现负载在水平方向的前后移动。

三、“转臂”手势（图 10-17）

“转臂”手势用于臂架式起重机臂杆的旋转手势，指挥人员可根据需要指出臂杆应转动的方向和位置，这种“转臂”手势可实现负载在水平方向的左右移动。

上述“升臂”“降臂”“转臂”三个专用手势和通用手势信号中的“吊钩水平移动”手势的指挥目的是相同的，都是使负载在水平方向移动。至于采用哪种手势为好，指挥人员可根据起重机械的具体情况而定。

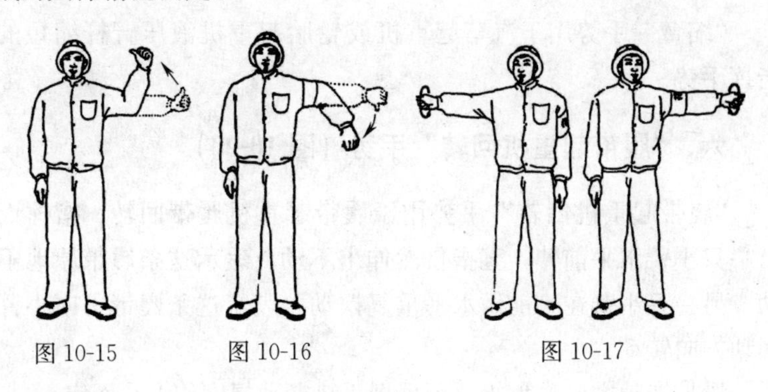

图 10-15　　图 10-16　　图 10-17

另外与上述三个专用手势相关的还有图 10-18 的“微微升臂”、图 10-19 的“微微降臂”、图 10-20 的“微微转臂”手势，这三个手势主要用于小距离的前、后、左、右移动。这些手势可连续指挥，即从微动开始一直指挥到微动结束。根据臂杆所在位置情况，指挥要有一定节奏。

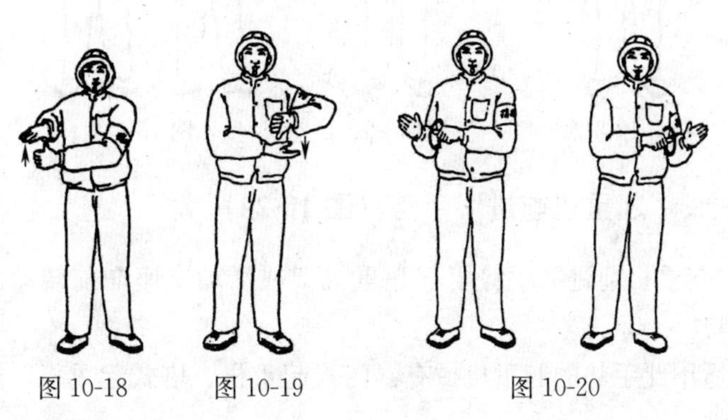

图 10-18　　图 10-19　　图 10-20

四、“伸臂”手势（图 10-21）

“伸臂”手势用于汽车起重机或轮胎起重机液压臂杆伸长的指挥手势。

五、“缩臂”手势（图 10-22）

“缩臂”手势用于汽车起重机或轮胎起重机液压臂杆缩短的指挥手势。

六、“履带起重机回转”手势（图 10-23）

“履带起重机回转”手势用于履带起重机履带回转。指挥人员一只小臂水平前伸，五指自然伸出不动，表示这条履带原地不动。另一只小臂在胸前做水平重复摆动，表示这条履带可向小臂摆动方向转动。

履带转动方向的大小，可根据手势摆动幅度的大小而定。

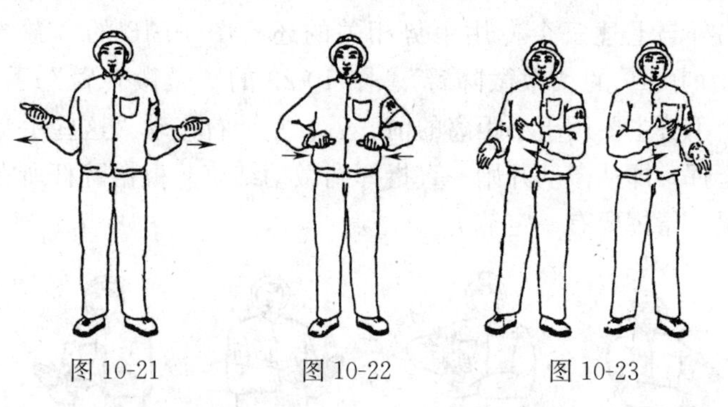

图 10-21　　图 10-22　　图 10-23

七、“起重机前进”手势（图 10-24）

“起重机前进”手势用于起重机架或活动支座向前转动的指挥手势。

适用此手势的起重机械有：门式起重机、塔式起重机、门座起重机和桥式起重机等。

这些起重机械可以通过活动支座的转动来实现负载在水平方向的移动。此手势和通用手势信号中的“吊钩水平移动”手势的指挥目的相同，但指挥对象不同（前者指挥门架式活动支座，后者指挥小车）。

八、“起重机后退”手势（图 10-25）

这是用于起重机门架或活动支座向后移动的指挥手势。适用这种手势的起重机与适用起重机前进手势的机械相同。

指挥人员在指挥起重机前进或后退时，应保持3/4面向起重机的门架或活动支座的方向，以便于起重机司机看清手势的相对位置。

九、“抓取”（吸取）手势（图 10-26）

这是用于抓斗起重机和电磁吸盘起重机的指挥手势。

此手势主要用于装卸物料时，对抓斗和电磁吸盘的抓取或吸取时指挥。

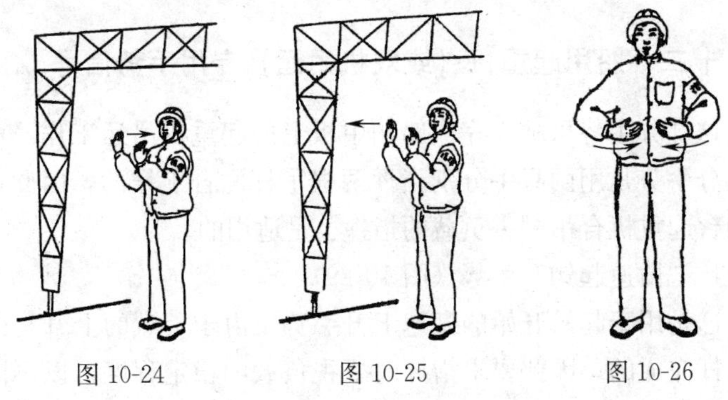

图 10-24　　图 10-25　　图 10-26

十、“释放”手势（图 10-27）

这个手势和“抓取”手势相对应，主要用于抓斗起重机和电磁吸盘起重机对物料释放的指挥。

十一、“翻转”手势（图 10-28）

这是用于起重机对物体进行翻转指挥的手势。例如：起重机吊运锻压锻件时，应指挥锻件翻转动作。起重机吊运钢包向炉内倒铁水等，都需要使负载进行不同程度的翻转或倾斜。

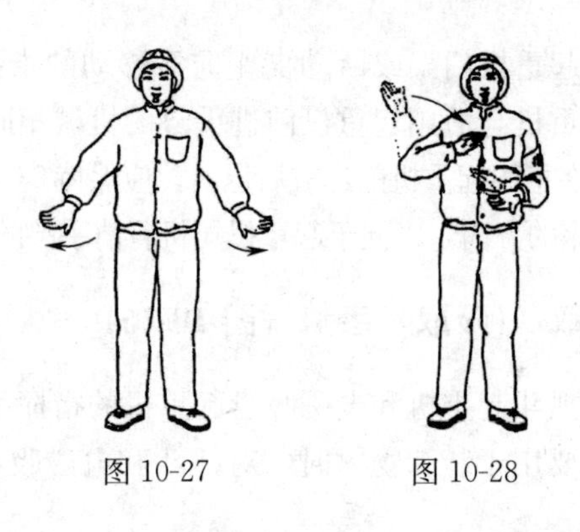

图 10-27　　　　图 10-28

十二、船用起重机（或双机吊运）专用手势信号

这部分手势可独立完成船舶甲板上的起重机吊运工作。由于这部分手势是用两只手分别指挥两根吊杆配合工作的，因此，它对两台起重机合吊同一负载的指挥也是适用的。

1. “微速起钩”手势（图 10-29）

这是用于起吊开始的微速上升手势。由于负载的上升是由两根吊杆完成的，因此要求指挥时要视负载的稳定程度，以不同的起升速度调整负载，保持相对稳定上升。

2. “慢速起钩”手势（图 10-30）

这是用于负载稳定并以正常速度起吊负载的手势。在负载上升时，如果不能保持同步吊运，指挥人可按需要，用不同的起升速度调整负载，保持相对稳定上升。

3.“全速起钩”手势（图 10-31）

在起重机允许的范围内，为了提高吊运速度，可使用“全速起钩”手势。指挥人员发出这种手势时，必须保证负载不受周围环境和其他条件的影响，在绝对安全的情况下使用。

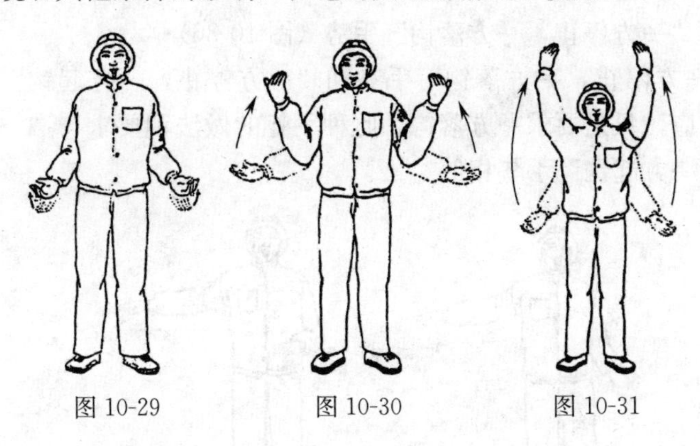

图 10-29　　图 10-30　　图 10-31

4.“微速落钩”（图 10-32）、“慢速落钩”（图 10-33）和“全速落钩”（图 10-34）三个手势是与“微速起钩”“慢速起钩”“全速起钩”相对应的三个相反方向的指挥手势，使用条件相似。

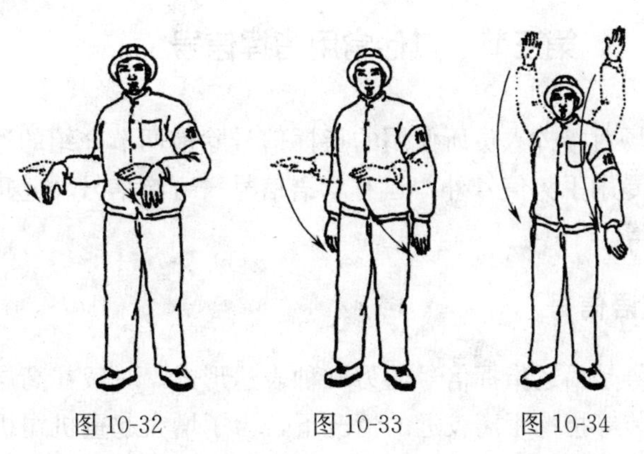

图 10-32　　图 10-33　　图 10-34

5．“一方停止，一方起钩”手势（图 10-35）

这是用于调整负载平衡的指挥手势。指挥人员根据每只手所分管的起重吊杆的工作情况，可随时对每根吊杆做出“停止”或相应的速度（微速、慢速、全速）的起钩手势。其手势和前面所提到的做法和要求相同。

6．“一方停止，一方落钩”手势（图 10-36）

“一方停止，一方落钩”手势和“一方停止，一方起钩”手势相对应，只是要求一方落钩。此种手势的做法和要求与“一方停止，一方起钩”手势相似。

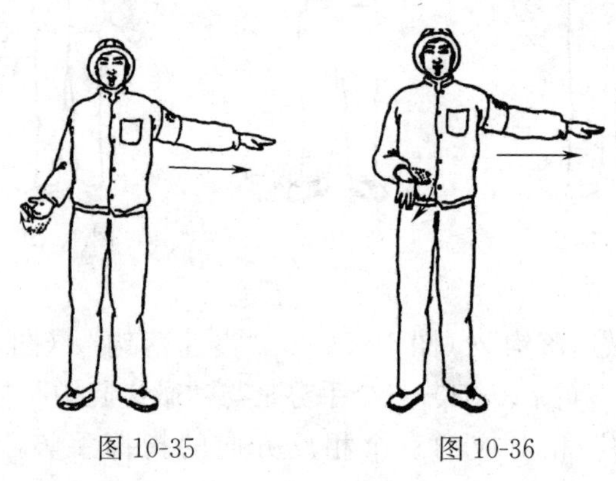

图 10-35　　图 10-36

第三节　其他常用指挥信号

施工现场对指挥人员所使用的指挥信号除前两节介绍的通用手势信号和专用手势信号外，还有旗语信号、音响信号、起重吊运指挥语言等。

一、旗语信号

旗语信号是吊运指挥信号的另一种表达形式。一般在高层建筑、大型吊装等指挥距离较远的情况下，为了增大起重机司机对指挥信号的视觉范围，可采用旗帜指挥。因此同一信号用旗语指挥和用手势指挥其含义是完全相同的。根据旗语信号的应用范围和工作特点，这部的图谱参见《起重吊运指挥信号（GB 5082）。

二、音响信号

音响信号是一种辅助信号。在一般情况下音响信号不单独作为吊运指挥信号使用，而只是配合手势信号或旗语信号应用。使用响亮悦耳的音响是为了人们在不易看清手势或旗语信号时，作为信号弥补，以达到准确无误的目的。

音响信号由5个简单的长短不同的音响组成。一般指挥人员都习惯使用哨笛音响。这5个简单的音响可和含义相似的指挥手势或旗语多次配合，达到指挥目的。

1."预备""停止"音响：一长声在手势或旗语信号前发出，提示起重司机注意，然后再发出手势或旗语。这种音响也可同其他多种手势或旗语配合使用，共同完成指挥任务。

2."上升"音响：二短声

这是用于发出上升、伸长、抓取等手势或旗语时的音响。为了使起重机司机有一个思想准备过程，也可以先发出一长声预备哨笛，然后再吹二短声哨笛。这一音响要与手势或旗语信号同时发出。

3."下降"音响：三短声

这是用于发出下降、收缩、释放等手势或旗语时的音响。为了使起重机司机有一个思想准备过程，也可以先发出一长声预备哨笛，然后再吹三短声哨笛。这一音响要同时与手势或旗语信号发出。

4."微动"音响：断续短声

这是用于发出微微上升、下降、水平移动等手势或旗语的音响。

在发出这一音响时，指挥人员要根据微动距离的情况，发出强弱不同有节奏的音响。例如，距离较远时，可发出较强断续短声，随着距离的缩短，发出断续声应逐渐减弱，同时节奏拉长。

5. “紧急停止”音响：急促的长声

这一音响只用于“紧急停止”时，并与手势或旗语信号同时发出。

在发出这一音响时，要使人产生强烈的紧迫感。如某一险情或事故将要发生，有关人员必须立即采取紧急措施。

三、起重吊运指挥语言

起重吊运指挥语言是把手势信号或旗语信号转变成语言，并用无线电对讲机等通讯设备进行指挥的一种指挥方法。

指挥语言主要应用在超高层建筑、大型工程或大型多机吊运的指挥和工作联络方面。它可以用于领导向指挥人员下达工作任务和要求或指挥人员对起重机发出具体工作命令。如果在操作中起重机司机能看清指挥人员的工作位置，一般不使用指挥语言。